時間の図鑑
時計の時間・心の時間

監修 一川 誠

もくじ

| はじめに | 時間とはなにか | 6 |

第1章　時間の不思議

時間は目にみえない ……………………………………… 8
時間は矢のように進む …………………………………… 10
過去と未来と今この瞬間 ………………………………… 12
時間についてのパラドックス …………………………… 14
古代の哲学者が考える時間 ……………………………… 16
神話を流れる時間 ………………………………………… 18
宗教における時間 ………………………………………… 20
⌛ 日本の季節をあらわす言葉「二十四節気」………… 22

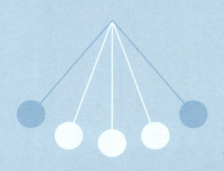

第2章　暦と時計

太陽が教えてくれる時間 ……………………… 24

暦と時計のはじまり ……………………… 26

いろいろな時計の発明 ……………………… 28

太陽暦と太陰暦 ……………………… 30

太陽の運行と暦のずれ ……………………… 32

地球の自転と公転 ……………………… 33

機械式の時計の出現 ……………………… 34

クオーツ時計と原子時計 ……………………… 36

世界をささえる原子時計 ……………………… 38

⌛ 1日の長さはだんだんのびている ……………………… 40

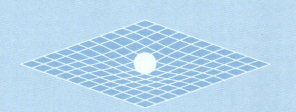

第3章　物理からみる時間

ニュートンが考える時間 …………………………………… 42
絶対的な空間と時間に対する異論 ………………………… 44
信じがたい光の実験結果 …………………………………… 45
光の速度はかわらない ……………………………………… 46
アインシュタインの特殊相対性理論 ……………………… 47
光の不思議な性質 …………………………………………… 48
10億分の1秒先の未来 ……………………………………… 50
アインシュタインの一般相対性理論 ……………………… 52
時空がゆがむブラックホール ……………………………… 54
星の一生 ……………………………………………………… 56
宇宙の時間 …………………………………………………… 58
宇宙の果て …………………………………………………… 60
物理学の究極理論 …………………………………………… 61
宇宙はいくつもある!? ……………………………………… 62
タイムトラベルはできるのか？ …………………………… 64
タイムパラドックス ………………………………………… 66
　宇宙カレンダー　　　　　　　　　　　　　　68

第4章　生物がもつ時間

命の時間 ……………………………………… 70

生き物たちの一生 ……………………………… 72

心臓と体重と寿命 ……………………………… 74

時間を知る植物 ………………………………… 76

1日のリズムをつくる体内時計 ……………… 78

1年の周期を知る生物時計 …………………… 80

時間の感覚 ……………………………………… 81

⧗ クマムシは時間をとめる!? …………………… 82

第5章　心と脳の時間

心の時間 ………………………………………… 84

時間にかかわる感覚 …………………………… 86

長さがかわる心の時間 ………………………… 88

時間とどうむきあうか ………………………… 91

さくいん ………………………………………… 94

時間とはなにか

　時間とはなんでしょうか？　また、わたしたちは、時間とどのようにつきあっていけばいいのでしょうか？

　時間についてのこうした問いに、物理学や生物学、生理学、哲学、心理学、歴史学、文化人類学、宗教学など、さまざまな領域の学問が答えようとしてきました。この本は、そうした時間についてのさまざまな領域の研究について紹介するものです。

　時間がこのように多くの研究領域において、主要な研究対象となってきたということは、時間が人間にとって大事なものであること、それなのに、時間についての問いに答えるのが簡単ではないことをうかがわせます。また、時間についての問いに対して、このように多様な視点から答えが試みられてきたことをみると、「時間とはなにか？」という問いへの答えはひとつではないのかもしれません。

　時間とのつきあい方についての問いのうちには「どう時間を使うのか」という問いもふくまれます。「どう時間を使うのか」ということは「どう生きるか」という問題と同じです。そうなると、おそらくは答えはひとつではなく、人の数だけ答えがあるといえるでしょう。時間がなんであるのか、時間とどのようにつきあっていけばいいのか、こうした問いは、もしかしたら、答えをだすことよりも問いつづけることに意味があるのかもしれません。

　この本を読んで、時間とはなにか、時間とどのようにつきあっていったらいいのか、考えるきっかけにしていただければと思います。

千葉大学大学院教授　一川　誠

第1章 時間の不思議

時間は目にみえない

ふだん、わたしたちは「時間」という言葉をなにげなく使っている。まずは、どんな意味で使っているのか確認しておこう。

長さのある時間と長さのない時間

みなさんは、「時間」と聞いて、どんなことを思いうかべるでしょうか。ふだん、わたしたちがこの言葉をどんなふうに使っているのか、思いだしてみてください。

たとえば、「駅までいくのに時間がかかった」とか「ゲームをしながら時間をつぶした」などと話すことがあります。

この場合の「時間」は長さをもっています。つまり、ある時刻からある時刻まで経過する長さがあるということです (注)。

「国語の時間」とか「睡眠時間」などということもあります。これは、ある一定の区切られた時間のことです。この「時間」も、ある時刻からある時刻まで経過する長さをもっています。

ところが、「いつもの時間に出発する」とか「もう学校にいく時間だ」などというときの「時間」は長さをもっていません。進んでいく時間のある1点のことをあらわしています。

注…一般に、時の流れのなかで、ある1点をしめす場合は「時刻」を使い、ある1点からべつの1点までのあいだをしめす場合は「時間」を使う。ただし、「もう学校にいく時間だ」などというように、「時刻」の意味で「時間」を使うこともある。

空間にあるものはみえるが、時間はみえない

「時間」という言葉は、「空間」という言葉とともに使われることがあります。「空間」には、なにもなくてひらけているところとか、あらゆる方向への広がりといった意味があります。

数学や物理学などでは、「ユークリッド空間」のことを略して、たんに「空間」といいます。ユークリッド空間とは、たて、横、高さの３方向（３次元）に無限に広がるもののことをいいます。次元は空間の広がりをあらわし、１次元は直線、２次元は平面、３次元は立体です。わたしたちが存在しているのは３次元の空間です。

空間にある物体は目にみえて、ものさしや巻き尺ではかることができます。そして、空間のなかを自由に移動できるし、好きな位置でとどまっていることもできます。

しかし、「時間」は目にみえません。時間の流れを耳で聞いたり、手でさわったりすることもできません。それは、人が時間の流れを直接感じとれる感覚器官をもっていないからです。また、今のところ、わたしたちは未来や過去にいくこともできないし、ある時刻でとどまっていることもできません。

時間は、時計ではかれるように思えますが、実際はちょっとちがいます。時計のなかにあるなんらかの物体がくりかえしている動きをかぞえて、それを時間として表示しているだけです。わたしたちは、時間の流れを直接とらえてはかる計測器をいまだにもってはいないのです。

1次元 直線

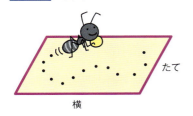

2次元 平面

3次元 立体（空間）

3次元の物体は、手でさわれるし、長さをはかることもできる。しかし、時間の長さは直接はかれない。

時間は矢のように進む

わたしたちは、時間がつねに過去から未来へむかって進むと感じている。そう感じるのは、いったいなぜだろうか。

ミルクをいれたコーヒーはもとにもどらない

コーヒーにミルクをいれてかきまぜると、どうなるでしょうか。コーヒーの黒い液体のなかで白いミルクがとけて広がり、コーヒー全体の色がかわります。ミルクがまざったこのコーヒーは、もはやコーヒーとミルクが分離された状態にもどることはありません。

また、手をすべらせて皿を床に落とすと、どうなるでしょうか。皿はパリンとわれて、破片が飛び散ります。こなごなに散った破片をすべてかき集めたとしても、もとの皿にもどることはありません。

このように、もとの状態にもどらないことを「不可逆」といいます。また、こういった現象や運動、過程のことを不可逆現象、不可逆運動、不可逆過程などといいます。

不可逆の例は、ほかにもいろいろあります。たとえば、ろうかでいきおいよく転が

コーヒーの変化

コーヒーにミルクをいれてかきまぜると、ミルクは全体に拡散して、コーヒーの色をかえていく。ミルクがまざったコーヒーは、もとの分離された状態にもどることはない。

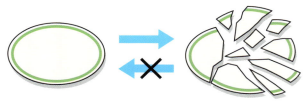

床に落とした皿はわれてしまう。破片をすべて集めてひとつにまとめても、もとの状態にもどることはない。

したボールは、徐々にスピードを落としてとまります。いったんとまったボールは、なにかの力がくわえられないかぎり、ふたたび転がりだして、もとの位置にもどることはありません。また、池に小石を投げいれると、水面に波がたち、いくつもの円をえがいて、波紋が広がります。その波紋は、なにかにぶつかってはねかえらないかぎり、池の中心へもどることはないのです。

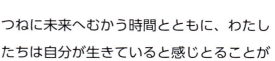

時間の矢のなかで生きる

生き物の成長も不可逆で、逆もどりすることはありません。種から芽をだした植物は、茎をのばして花を咲かせ、実をつけたのちに枯れていきます。新しい種を得ることはできても、枯れた植物自体が種にもどることはありません。

卵から孵化したヒヨコが成長してニワトリになることも、ニワトリが卵をうむことも不可逆だといえます。大きくなったニワトリがヒヨコにもどることはないし、卵がニワトリの体内にもどることもありません。

このような不可逆現象があるからこそ、わたしたちは、時間がもどることなく前に進みつづけていると感じることができます。

つねに未来へむかう時間とともに、わたしたちは自分が生きていると感じとることができるのです。

コーヒーにいれたミルクや、われた皿、そして、生き物の成長などのように、過去から未来へと、ひとつの方向に進んでいく時間のことを、空中を飛ぶ矢にたとえて「時間の矢」とよんでいます。もちろん、弓からはなたれた矢が逆もどりすることはありません。人がこの世に誕生し、成長して、年老いていくことも不可逆だといえるでしょう。矢のように一方向に進む時間のなかで、わたしたちは、あともどりできない人生をおくっているのです。

第1章 時間の不思議

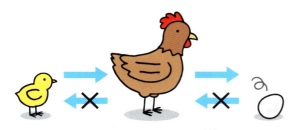

ニワトリがヒヨコにもどることも、卵がニワトリの体にもどることもない。

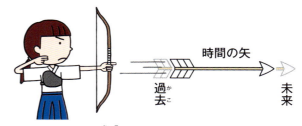

時間の矢は、過去から未来へと一方向に進み、けっしてもどることはない。

過去と未来と今この瞬間

過去と未来のあいだにあるのが「現在」。時間の流れのなかで、あなたが感じる「今この瞬間」を考えてみよう。

逆まわし再生はみやぶれる

　なんらかの映像を逆まわしに再生したものをみたことはないでしょうか。たとえば、氷がとけていくようすを撮影して、その映像を逆まわしで再生してみます。わたしたちは、その映像をみると、ふだんとはなにかがちがっていると感じるはずです。そして、すぐに逆まわし再生の映像であることに気づくでしょう。

　また、床を転がしたボールがしだいにとまるようすを撮影し、逆まわしで再生してみます。やはりすぐに、逆まわし再生の映像だと気づくでしょう。

　では、なぜ映像が逆まわしで再生されていることに気づくのでしょうか。それは、氷がとけていく現象も、ボールがスピードを落としてとまる現象も不可逆であることを、わたしたちが経験から知っているからです。

　ところが、映像をみても、もとの状態にもどっていて、逆まわしかどうかわからないものがあります。

　たとえば、ゆれている振り子を撮影して、その映像を逆まわしで再生すると、それが通常に再生したものか、逆まわしで再生したものかが区別できません(注)。映像が過去から未来へと進んでいるのか、未来から過去へと逆もどりしているのか、振り子の動きでは判断できないのです。このようにもとの状態にもどることを、「不可逆」に対して「可逆」といいます。

〈振り子の動き〉

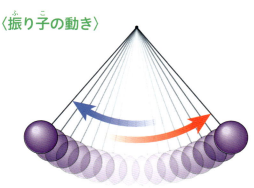

振り子は、右へ左へと、おなじ振り幅でゆれつづける。

注…実際には、振り子のゆれは、空気抵抗によってしだいに小さくなり、いずれ動きをとめます。ここでは、空気抵抗は考えないものとします。

過去と未来をつなぐ「現在」

過去と未来とのあいだにある時間を、わたしたちは「現在」とか「今」などとよんでいます。すでにおきてしまったことは過去のことになり、未来におきることについては、まだ体験できていません。おきていることをみたり聞いたり感じたりしているのは、過去でも未来でもなく、まさに現在であり、「今この瞬間」なのです。

この現在という時間をどうとらえたらよいでしょうか。考え方や感じ方はさまざまあり、よくわからないという人もいます。そこで、こういう考え方もあるという、ひとつの例を紹介しましょう。

オーストリアの精神科医で心理学者のヴィクトール・フランクル(注)は、人生を砂時計にたとえて説明しています。彼は、第二次世界大戦時にあったナチス・ドイツの強制収容所における体験をあらわした書籍『夜と霧』で世界的に有名になりました。

フランクルは、砂時計の上半分を未来、下半分を過去、細いくびれた部分を現在としています。未来にたまっている砂をひとつぶひとつぶ過去に落としているところが、まさしく現在だといっています。みなさんは、現在という時間をどう考えますか。

注…1905〜1997年

未来
現在
過去

未来にある砂のつぶを過去に落としているところが現在。

第1章 時間の不思議

直進する時間のなかの「今この瞬間」

さて、みなさんに、過去と未来をつないでいる「今この瞬間」を実感してもらいましょう。

あなたは今、この本を手にとって文章を読んでいます。1行、2行と読み進めていくと、何秒かの時間がすぎているはずです。そのとき、あなたは30秒前を生きているのでもなければ、30秒後を生きているのでもありません。今まさに、この瞬間に、この文章を読んでいるのです。

あなたが本をつくえにおいて、読むのをやめても、時間はすぎていくように感じられます。なにかをしていても、なにもしていなくても、時間はつねに進んでいくように感じられるのです。あなたは、過去から未来へと流れる時間のなかの「今この瞬間」を感じているのです。

時間についてのパラドックス

考えれば考えるほどわからなくなる、ゼノンのパラドックス。不思議な時間の迷路に招待しよう。

アキレスとカメ

　紀元前4世紀に活躍した古代ギリシャの哲学者、アリストテレス(注)は、時間とはなにかを深く考えた人物です。彼の著作物には、紀元前5世紀に活躍した古代ギリシャの哲学者ゼノンがとなえた、あるパラドックス（逆説）が紹介されています。

　パラドックスとは、あきらかに事実に反する結論だとわかっていても、なかなかそれを論破できないような主張のことをいいます。ここでは、2つのパラドックスを紹介しましょう。

　ひとつめは、「アキレスとカメ」とよばれるパラドックスです。足の速いことで有名なアキレスと、歩みの遅いカメが競走します。カメは、アキレスよりもゴールに近いスタート位置にいて、同時に出発します。

　アキレスは、後方からカメを追いかけます。カメが最初にいた地点にアキレスが着いたときには、カメは少し先の地点にまで進んでいるはずです。そして、その地点にアキレスが着いたときには、カメはさらに少し先に進んでいるはずです。このように考えていくと、アキレスは永遠にカメに追いつけないことになります。

　しかし、現実的には、足の速いアキレスが永遠にカメに追いつけないことはありません。この話のどこかに、おかしいところがあるはずです。

注…紀元前384～紀元前322年

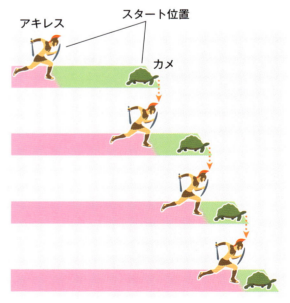

アキレスがカメに追いついたとき、カメはかならず少し前に進んでいる。アキレスは永遠にカメに追いつけないのだろうか。

飛ぶ矢はとまっている

　もうひとつのパラドックスを紹介しましょう。「飛ぶ矢はとまっている」などとよばれているものです。

　弓から発せられた矢は空中を飛びます。飛んでいる矢は、一瞬一瞬をとらえれば、空中のある地点に存在しています。つまり、それぞれの一瞬において、矢は静止していると考えることができます。空中のどの瞬間においても、矢はそれぞれの位置でとまっているわけなので、静止している矢をつなぎあわせたとしても矢が飛ぶことはありません。

　しかし、現実的には、矢は空中を飛んで移動していきます。だから、この話もどこかにおかしいところがあるはずです。

　2つのパラドックスでは、時間が一瞬の連続として成り立っていて、時間をどこまでもこまかく分割できるということが前提になって話が進められているようです。パラドックスをとくカギは、この前提にあるのかもしれません。

　時間は、実際にはどこまでこまかく分割できるのでしょうか。もうこれ以上はこまかくきざむことができないという最小単位があるのでしょうか。そのような時間の一瞬一瞬と、つねに進みつづけている時間の流れとは、どのような関係にあるのでしょうか。

第1章　時間の不思議

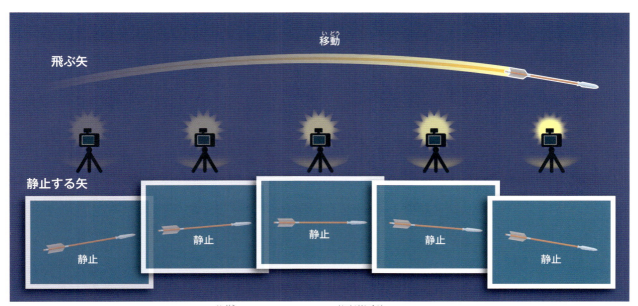

空中を飛ぶ矢は、とまることなく移動している。しかし、一瞬一瞬でとらえれば、矢は静止しているとも考えられる。

古代の哲学者が考える時間

古代ギリシャの哲学者アリストテレスが考える時間とはなにか。また、古代ローマのアウグスティヌスの考える時間とはなにか。

アリストテレスの考える時間

アリストテレスは、ゼノンのパラドックス（→p14）を紹介しつつ、そこにひそむ論理の矛盾を指摘しています。そして、「時間は、なんらかの運動や変化にともなうものだ」とのべています。時間とは、運動や変化があってはじめて知ることができるのであって、運動や変化がなければ時間を知ることができないとものべています。

たとえば、火をつけたろうそくを想像してみてください。火が燃えつづけると、ろうそくはしだいに小さくなります。わたしたちはそれをみて、時間がたったのを知ることができます。しかし、火をつけなければ、ろうそくは小さくなりません。ろうそくが変化しなければ、時間がたったかどうかを知ることができないのです。

アリストテレスは、「時間とは、運動の前後における数だ」とのべています。「運動」とは、先ほどの例でいえば、ろうそくが小さくなることです。

「数」についても考えてみましょう。たとえば、3枚の皿をもっているとします。皿をすべて落としてわったとしても、3枚あったという「数」の考え方は残ります。もともと、皿がわれるかわれないかにかかわ

ろうそくに火をつければ、燃えて小さくなったことで、時間の経過を知ることができる。

「アテナイの学堂」（ラファエロ／バチカン宮殿）にえがかれたアリストテレス（中央右）とプラトン。

らず、数は存在しているのです。少なくとも、数をかぞえることを知っているわたしたちがいるかぎり、数はあるといえます。

アリストテレスが運動の前後における数だという時間とは、運動や変化にともなってあらわれるものです。しかし、運動や変化が目にみえないからといって、時間がたっていないわけではないということです。

アウグスティヌスの考える時間

現在のアルジェリアに生まれたアウグスティヌス(注)も、時間について深く考えた人物です。ローマ帝国時代のカトリック教会の司教で、神学者でも哲学者でもあった彼は、時間について、こんなふうにのべています。

「時間とはなにか。だれもわたしに問いかけなければ、わたしはこたえを知っている。でも、問いかけた人に説明しようとすると、こたえがわからなくなる」

わたしたちの生活は、みんなが時間を守ることで成り立っています。学校も会社も、きめられた時間にはじまります。店がひらく時間も、映画がはじまる時間も、たいていきめられています。

わたしたちは、みずから時間を守り、みんなが時間を守ることをあてにして生活しています。時間がなにかを考える必要もなく、それで十分生活していけるのです。

しかし、時間がなんなのかを考えようとすると、わたしたちは、時間について、たしかなこたえをもっていないことに気づかされます。アウグスティヌスは、こうものべています。

「すぎさった時間は、未来によって過去へとおしやられ、未来の時間は、すべて過去からつづいている。過去・未来のすべてが、現在であるところのものから生まれている」

アウグスティヌスによれば、過去におきたことは、現在のわたしたちの記憶であり、未来におきることは、現在のわたしたちの予想だといいます。そうでなければ、わたしたちは過去や未来の存在を感じることができないはずだとのべています。

注…354〜430年

「書斎の聖アウグスティヌス」（ボッティチェッリ／オニサンティ教会）にえがかれたアウグスティヌス。

神話を流れる時間

アメリカ先住民のホピ族、オーストラリア先住民のアボリジナルピープルがもつ神話を紹介しよう。

ホピ族の4つの世界

　古くから人類が時間をどのように考えてきたのか、2つの神話からみていきましょう。まずは、アメリカのアリゾナ州にある居留地に住むホピ族の神話を紹介します。

　ホピ族の祖先は、数千年にわたって移住をくりかえし、約千年前に現在の場所にたどり着いたといいます。ホピ族は、創造主とのあいだに、ある約束をかわしています。その約束とは、宇宙のバランスをたもつために、毎年、さまざまな儀式をとりおこなうことです。

　ホピ族の神話では、これまで4つの世界がつくられたといいます。3つめまでの世界は、人間がよこしまな心をおこし、創造主の教えを守らなくなったためにほろぼされました。第一の世界は火によって破壊され、第二の世界は氷によってとじこめられ、第三の世界は大洪水によって海にしずめられました。

　そして、第四の世界は、わたしたちの生きている現代だといいます。この第四の世界も、人類によこしまな心がはびこれば滅亡をむかえると予言されています。時間はくりかえされ、すでにこの第四の世界が滅亡をむかえはじめているともいわれています。ただし、わたしたちの行動しだいでは、滅亡へとむかう未来をかえることができるはずだとうったえる人たちもいます。

アボリジナルピープルのドリームタイム

オーストラリアにアボリジナルピープルとよばれる先住民がいます。祖先は、6万年以上前にオーストラリアにやってきたと考えられています。部族ごとにわかれて住み、ちがう言葉を話し、文字をもたずに狩猟・採集の生活をつづけてきました。

アボリジナルピープルは、代々「ドリームタイム」とよばれる天地創造の時代の神話を語りついでいます。ドリームタイムは、大地がつくられ、人間をふくめたすべての動植物たちに生命があたえられた時代だといいます。

アボリジナルピープルの神話のなかに、虹のヘビが登場する話がいくつもあります。ある神話では、虹のヘビは巨大で、体をもちあげると天までとどくほどだといいます。そして、かぎりなく平坦だった大地をあちこちはいまわったために、谷ができ、川ができ、山ができたと語られます。

ある神話では、長い旅にでた虹のヘビが、さまざま土地で精霊の子を残したと語られます。各地に残された精霊の子たちは、それぞれの部族の祖先になったといいます。また、虹のヘビが、人間や動物、鳥など、地上に存在するすべての生き物をうんだと伝えている神話もあります。

アボリジナルピープルは、ドリームタイムにおけるできごとを、まるで、つい昨日おきたことのように感じているといいます。彼らにとって、天地創造の時代におきたことは、はるか昔におわってしまったことではありません。ドリームタイムに生まれた大地と精霊と動植物と祖先たちは、そのまま現代の大地と精霊と動植物と、今を生きる自分たちにつながっています。そういう意味では、アボリジナルピープルは過去と現代の2つの時間を同時に生きているともいえます。

第1章　時間の不思議

宗教における時間

キリスト教では、時間はどのように流れているのだろうか。ヒンドゥー教や仏教では、時間はどのようにとらえられているのだろうか。

キリスト教で時間はどう進むのか？

世界には、キリスト教やイスラム教、ヒンドゥー教、仏教、シク教、ユダヤ教など、さまざまな宗教があります。宗教にはそれぞれがもつ教えがあり、それぞれの世界観があります。時間についての考え方も宗教によってちがいます。

キリスト教では、時間は、全知全能の唯一の神による天地創造からはじまります。そして、最後の審判の日まで進み、反復することはありません。

キリスト教の創始者であるイエス・キリストは、人類の罪をつぐない、人々にすくいをもたらすために、十字架にかかって死をとげ、その3日後に復活します。そして、最後の審判の日に再臨するといわれています。イエスがこの世に到来したことも、復活をとげたことも、終末の日に再臨することも、歴史に一度かぎりおこり、反復することはないといわれています。キリスト教では、時間は神が支配するものであり、終末の日にむかう、直線的で不可逆的なものなのです。

キリスト教の最大教派であるカトリックの総本山、サン・ピエトロ大聖堂（バチカン）。

十字架に打ちつけられるキリストをえがいた「キリスト昇架」（ルーベンス／聖母大聖堂）。

ヒンドゥー教や仏教での時間とは？

ヒンドゥー教は、インドの民衆に根づいた宗教です。宇宙を創造した神のブラフマー、宇宙を維持する神のヴィシュヌ、破壊の神のシヴァなど、多くの神々が信仰されています。

創造神のブラフマーが目ざめてから眠るまでの時間は、43億2000万年あるとされています。世界は、このブラフマーの目ざめにはじまり、眠りでおわります。そして、起きている時間とおなじ時間だけ眠ったあと、また新たな世界がはじまります。

ブラフマーの一生は8640億年あり、現在はその半分をすぎたところだといいます。ブラフマーの一生がおわると、また生まれなおし、ふたたび世界を創造しはじめます。世界が創造と破壊をつづける途方もない時間のなかで、生ある者は生まれかわり死にかわる「輪廻転生」をくりかえしているというのです。ヒンドゥー教では、時間は循環的なものだといえるでしょう。

ヒンドゥー教とおなじインド発祥の宗教である仏教には、「諸行無常」という言葉があります。世の中のいっさいのものはつねに変化し、永久不変なものはないという意味です。人の一生でいえば、この世に生をうけた者は、いつか、かならず死をむかえるということです。人は自分の死や身近な人の死を考えるとき、けっして逆もどりできない時間の流れを感じるものです。

鎌倉時代、日本の仏教の宗派のひとつ、曹洞宗をひらいた道元は、「正法眼蔵」の「有時」という巻で、つぎのように記しています。

「時すでにこれ有なり、有はみな時なり」
「時」は時間、「有」は存在や空間のことです。道元は、時間と存在はべつべつのものでなく、ひとつのものだとのべています。

時間と空間をつなぐものは自分です。自分が生きている「今この場所」が接点となって、過去から未来へとはてしなくつづく時間と、無限に広がる全宇宙・全存在がひとつになっているというのです。

第1章 ⓛ 時間の不思議

世界文化遺産に登録されているアンコールワット（カンボジア）。12世紀にヒンドゥー教寺院として建てられたが、16世紀後半に仏教寺院に改修されている。

21

日本の季節をあらわす言葉
「二十四節気（にじゅうしせっき）」

　季節がうつりかわるとき、わたしたちは時間が流れていることを感じます。「春」「夏」「秋」「冬」は、1年の天候の変化を4つにわけた季節のことで、日本をふくむ世界の温帯地域（ちいき）でよくみられます。この四季をもとに、1年を24等分し、それぞれに名前をつけたのが「二十四節気（にじゅうしせっき）」です。日本では、古くからこの二十四節気が使われてきました。二十四節気は、季節の変化や天候のリズムを前もって知ることができるため、とくに農作業を進めていくうえでは欠かせないものでした。

春	立春（りっしゅん）（2月4日ごろ）	春のはじまり。
	雨水（うすい）（2月19日ごろ）	雪が雨にかわり、氷や雪がとけはじめるころ。
	啓蟄（けいちつ）（3月5日ごろ）	あたたかくなって、地中から虫がはいでてくるころ。
	春分（しゅんぶん）（3月21日ごろ）	昼と夜の長さがほぼおなじになる日で、これ以降（いこう）は昼が長くなる。
	清明（せいめい）（4月5日ごろ）	すべてのものがすがすがしく明るくなるころ。
	穀雨（こくう）（4月20日ごろ）	穀物（こくもつ）の芽をださせる雨がふるころ。種（たね）まきによい時期。
夏	立夏（りっか）（5月5日ごろ）	夏のはじまり。
	小満（しょうまん）（5月21日ごろ）	草木が成長し、みちはじめるころ。
	芒種（ぼうしゅ）（6月6日ごろ）	芒（のぎ）のある穀物（こくもつ）（イネなど）の種（たね）をまく時期。
	夏至（げし）（6月21日ごろ）	1年でもっとも昼が長くて、夜が短い日。
	小暑（しょうしょ）（7月7日ごろ）	暑さがしだいに強くなるころ。
	大暑（たいしょ）（7月23日ごろ）	1年で暑さがもっともきびしいころ。
秋	立秋（りっしゅう）（8月8日ごろ）	秋のはじまり。
	処暑（しょしょ）（8月23日ごろ）	暑さがやむころ。
	白露（はくろ）（9月8日ごろ）	草花に朝露（あさつゆ）がおりるようになるころ。
	秋分（しゅうぶん）（9月23日ごろ）	昼と夜の長さがほぼおなじになる日で、これ以降（いこう）は夜が長くなる。
	寒露（かんろ）（10月8日ごろ）	冷たい露（つゆ）が草花におりるころ。
	霜降（そうこう）（10月24日ごろ）	霜（しも）が草花におりるころ。
冬	立冬（りっとう）（11月7日ごろ）	冬のはじまり。
	小雪（しょうせつ）（11月22日ごろ）	雨が雪へとかわりはじめるころ。
	大雪（たいせつ）（12月7日ごろ）	雪がたくさんふるころ。
	冬至（とうじ）（12月21日ごろ）	1年でもっとも昼が短くて、夜が長い日。
	小寒（しょうかん）（1月5日ごろ）	寒さがややきびしくなるころ。
	大寒（だいかん）（1月21日ごろ）	1年で寒さがもっともきびしいころ。

太陽が教えてくれる時間

想像してみよう。人類が時計や暦をもっていなかったころ、人々はどのように生活していたのだろうか。

時計や暦をもっていなかった時代

　わたしたちは、ふだん、時間を意識しながら生活しています。現代では、時計をいっさいみないで、丸1日をすごすことはあまり考えられません。また、カレンダーをまったくみないで、1年をすごす人も、ほとんどいないのではないでしょうか。

　カレンダーは「暦」ともいいます。暦には、めぐってくる日や月や季節をあらわしたものという意味がありますが、その背景にある理論全体を意味することもあります。

　人類がまだ時計や暦をもっていなかった時代のことを想像してみてください。人々は、どのように生活していたでしょうか。時計がなかったので、何時何分といったこまかな時刻を知ることはできません。社会はそれほど複雑でなかったと思われ、こまかく時間をきめて生活する必要はなかったかもしれません。

　しかし、仲間たちといっしょに作業をすることもあったでしょう。狩りで大きな獲物をしとめようとするときは、単独でおこなうよりも集団でおこなったほうが成功しやすかったはずです。畑に水をひくための水路をつくるときも、多くの人が協力しなければできなかったはずです。今も昔も、仲間同士で時間をあわせたり、日程をあわせたりできたほうが便利だったはずです。そんなときは、どうしていたのでしょう。

太陽はかならずのぼる

太陽は、東の方角からのぼり、南の空でもっとも高くなったあと、西の方角にしずみます。そして、世界が暗闇につつまれる夜のあと、太陽はまた東の方角からのぼりはじめます。

太陽は、地球に人類が誕生する前から、この運動をくりかえしてきました。世界は、明るい時間と暗い時間をかならず交互にくりかえします。この規則的なくりかえしがあるために、人は「1日」という時間を知ることができたのです。人類は、太陽から1日という時間を教わったともいえるでしょう。

もともと人は、日の出から活動をはじめ、日の入りには活動を休止して、夜には眠るという生活をくりかえしてきました。何百万年も前から、人類は、昼と夜が交互にやってくる1日の周期にあわせた生活をおくりつづけてきたのです。

人間ばかりではありません。ほかの生き物たちも、地球のいたるところで、それぞれ1日の周期にあわせて生きています。

昔の人たちは、太陽のこの周期的な動きを、自分たちの生活に役立てようとしたことでしょう。太陽の位置をみれば、それが朝の早い時間帯なのか、昼ごろなのか、夕方に近い時間帯なのか、おおよそわかったはずです。そして、毎日観察をつづけていくうちに、季節がくりかえしめぐってくることにも気づいたことでしょう。

第2章 暦と時計

暦と時計のはじまり

暦は、どのように使われはじめたのだろうか。そして、人類最初の時計は、どのようにつくられたのだろうか。

太陽の位置をみる環状列石

エジプトで、今から約7000年前（紀元前5000年）につくられた環状列石の遺跡が発見されています。環状列石とは、自然の石を円のようにならべたものです。

4mにみたないこの小さな環状列石は、砂漠地帯に住む遊牧民がつくったと考えられています。丸くならべられたいくつかの石のうち、2個1組の石が4か所、目立つように立てられています。

1組の石のあいだからのぞき、反対側にあるもう1組の石のあいだをとおして、太陽をみていただろうと考えられています。むかいあわせになった2組の石を直線でむすぶと、ひとつはほぼ正確に南北をさし、もうひとつは夏至の日にのぼる太陽の方角をさしています。

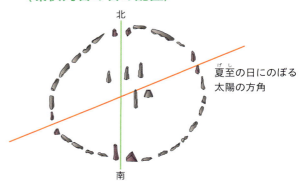

〈環状列石の石の配置〉

夏至の日は、1年のうちで太陽がもっとも高くのぼり、昼がもっとも長くなります。これから夏をむかえる時期でもあり、この地域では、雨季になってナイル川が増水しはじめる時期でもあります。当時の遊牧民は、なんらかの理由で、くりかえしやってくる夏至の日を知る必要があったのだろうと考えられています。

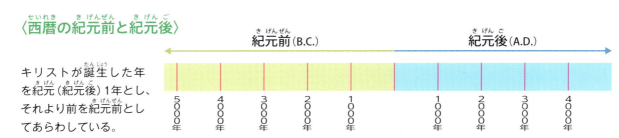

〈西暦の紀元前と紀元後〉

キリストが誕生した年を紀元（紀元後）1年とし、それより前を紀元前としてあらわしている。

人類最初の時計は日時計

人類が最初につくった時計は「日時計」といわれます。古代エジプトやバビロニア（今のイラク）でつくられはじめたと考えられています。紀元前2000年には、めもりをかいた地面に棒を立てた日時計がバビロニアで使われていたようです。

日時計は、太陽の動きにあわせて影が動くことを利用した時計です。当時の人々は、棒や石柱からのびる影の方向や長さを観察して、時間をはかっていました。

古代エジプトの人々は、太陽がのぼってから、ふたたび太陽がのぼるまでを1日としていました。そして、1日を昼と夜にわけ、それぞれを12に区切っていました。

このように、1日を昼と夜にわけ、それぞれの時間の長さを等分して、時間を区分する方法を「不定時法」とよんでいます。通常は昼と夜の長さがちがうので、1時間の長さも昼と夜とではちがってきます。場所によっては日の出や日の入りの時間がちがうので、都市によって時間がずれることもあります。季節によっても、昼と夜の長さはかわります。夏の昼の長さは冬より長くなるため、1時間の長さも夏のほうが冬より長くなります。

現代では、昼と夜の長さに関係なく、1日を均等にわけています。このように時間を区分する方法を「定時法」とよんでいます。日本では、1872（明治5）年の改暦まで、不定時法が使われていました。

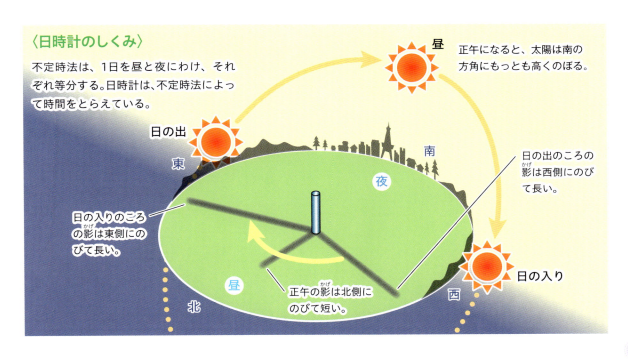

〈日時計のしくみ〉
不定時法は、1日を昼と夜にわけ、それぞれ等分する。日時計は、不定時法によって時間をとらえている。

正午になると、太陽は南の方角にもっとも高くのぼる。

日の出のころの影は西側にのびて長い。

日の入りのころの影は東側にのびて長い。

正午の影は北側にのびて短い。

いろいろな時計の発明

1日の時間がこまかくわけられるようになると、生活が変化する。
時計の必要性が高まり、いろいろな時計が発明されていく。

水を利用して時間をはかる

日時計が使われるようになって、1日がこまかくわけられるようになると、生活はしだいに変化していったと考えられます。その後、どこにいても時刻がわかるようにするため、携帯して使える日時計もつくられるようになりました。

しかし、日時計は、使える場所や時間がかぎられています。太陽の光がとどかない場所では使えません。日があたるはずの場所でも、くもっていたり、夜間であったりすると使えなくなります。

そこで、日時計のほかにも、さまざまな時計が発明されます。紀元前1400年には、古代エジプトで「水時計」がつくられるようになりました。

この水時計は、大きな容器の底の近くに小さな穴があいていて、一定の速さで水が流れでるようになっています。容器の内側には、めもりがつけられています。きまった量の水をいれたあと、なかに残っている水面の高さをみて時間をはかったようです。当時の人々は、昼間、日時計を使い、太陽がしずむと、水時計で時間をはかったと考えられています。

左：パリ（フランス）のオベリスク。記念碑の石柱だが、古代エジプトのオベリスクは日時計もかねていたとされる。上：港の見える丘公園（横浜市）に設置されている日時計。

古代ペルシャの水時計。この時計は、水にうかべた器の底に穴があいていて、水がはいってくることで時間をはかるタイプ。

28

火や砂を利用して時間をはかる

時代が大きくくだった900年ごろのイギリスでは、「ろうそく時計」が使われていました。ろうそくは、火をつけると、しだいにとけて短くなっていきます。燃え残ったろうそくの長さによって時間をはかるというものでした。このろうそくには12のめもりがついていて、燃えつきるのに4時間ほどかかりました。1つのめもりで約20分がはかれたようです。

火を使った時計には、お香を利用したものもあります。お香の時計は、インド発祥ではないかといわれています。6世紀ごろから中国で使われるようになり、日本には奈良時代に伝わりました。「香盤時計」や「香時計」「時香盤」などとよばれています。

香盤時計は、四角い盤状の香炉に、ならした灰をしき、その上にお香の粉末（抹香）を帯状にしいて使います。抹香のはしから燃やしていき、燃えた長さをみて、時間をはかります。香盤時計には、抹香をしくための木型が用意されています。その木型には、ジグザグにのびた細い穴が彫られていて、灰の上に木型をのせ、抹香をジグザグにしきます。お香の燃焼する速度が安定していることを利用した時計です。

ヨーロッパでは、13世紀から「砂時計」が使われるようになりました。水時計では水が蒸発したり、凍ったりして使えなくなることがありましたが、砂時計によって、その問題が解決されました。砂時計は、砂が下に落ちることを利用した時計です。もちはこびに便利なうえ、ひっくり返すだけで、何度も時間をはかることができます。また、ゆれている場所でも、比較的安定して時間がはかれるので、船舶用の時計としてもよく使われたようです。

香盤時計

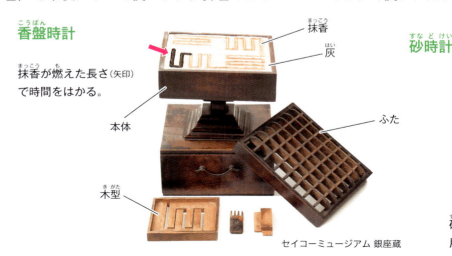

抹香が燃えた長さ（矢印）で時間をはかる。

セイコーミュージアム 銀座蔵

砂時計

砂が少しずつ落ちる現象を利用して時間をはかる。

太陽暦と太陰暦

暦は大きく太陽暦と太陰暦の2つにわけられる。太陽暦は太陽の動きを基準にしたもの。太陰暦は月の満ち欠けを基準にしたもの。

ナイル川の氾濫と太陽の動きと暦

古代エジプトでは、ナイル川が一定の期間をおいて氾濫をくりかえしていました。ナイル川は、上流の地域が雨季になると、雨水を集めてしだいに水かさがましていき、中・下流域で氾濫をおこしていたのです。

一方、この氾濫がくりかえされるおかげで、周囲の土地が肥え、作物が育てやすくなっていました。人々は、ナイル川の氾濫のあと、小麦の種まきをすることにしていました。育った小麦を収穫すると、また、ナイル川が氾濫する時期をまちました。

古代エジプトの人々は、日の出の直前、東の空にシリウスという星がのぼると、ナイル川の氾濫の時期が近づくことに気づいていました。シリウスは、おおいぬ座にある、ひときわかがやきの強い星です。古代エジプトでは、日がのぼる少し前にシリウスが観測できるこの日を、1年のはじまりとさだめていたのです。

川が氾濫する時期は、太陽の動きと密接に関係しています。氾濫が365日ごとにくりかえすことに気づいていた古代エジプトの人々は、365日を1年とした暦を使いはじめました。このような太陽の動きを基準にした暦を「太陽暦」とよんでいます。

明け方、東の地平線にのぼる太陽とシリウス。古代エジプトでは、太陽の軌道とシリウスの位置について、正確な観測がなされていた。

月の満ち欠けと暦

太陽の動きを基準にした「太陽暦」に対して、月の満ち欠けの周期を基準にした暦を「太陰暦」といいます。人類が世界各地で暦をもちはじめたころ、多くの国や民族がこの太陰暦を使っていました。

月は毎晩、少しずつ形をかえます。その満ち欠けの周期は約29.5日です。月がみえない日の月を「新月」といい、太陰暦の暦は、この新月からはじまります。新月から約15日後、「満月」になります。

太陰暦のイスラム暦（ヒジュラ暦）では、1年を12か月にわけ、29日ある月と30日ある月を交互において、1年を354日にしています。

しかし、354日では、365日に11日たりません。そのため、イスラム暦は季節の変化とは関係のない周期になり、農作業を優先した生活には適さないといわれています。毎年ずれていく約11日を、うるう月をもうけて調整したのが「太陰太陽暦」です。

現在、ほとんどの国では太陽暦が使われています。日本では、1872（明治5）年に、太陰太陽暦（旧暦）から太陽暦（新暦）に切りかえられました。ただし、イスラム教の国では、今でも多くが太陽暦とイスラム暦を併用しています。

第2章　暦と時計

〈月の満ち欠け〉

月齢は月の満ち欠けをあらわすかぞえ方。新月の日を月齢0とし、1日ごとにかぞえたもの。満月は月齢15にあたる。

太陽の運行と暦のずれ

1年を365日として、4年に1回、366日のうるう年をもうけていても、実際の太陽の周期とは少しずつずれが生じる。

ユリウス暦とグレゴリオ暦

　古代ローマでは、紀元前400年ごろから、太陰暦が使われていました。ところが、紀元前45年になると、ローマ皇帝のユリウス・カエサル（シーザー）によって、「ユリウス暦」とよばれる太陽暦が採用されます。ユリウス暦では、通常の1年を365日としたうえで、4年に1回、366日のうるう年をもうけていました。

　ユリウス暦は、ローマ帝国が支配する地域でもちいられたうえに、キリスト教の多くの宗派によって採用され、ヨーロッパで広く使われるようになりました。

　しかし、実際の太陽の周期とは少しずつずれていき、16世紀には不都合が生じてきます。そこで、ローマ教皇のグレゴリウス13世は、暦の改訂を命じました。1582年、いっきに10日間をとばしたうえで、「グレゴリオ暦」を採用したのです。

　グレゴリオ暦は、ユリウス暦とおなじように4年に1回はうるう年をもうけますが、うるう年をもうけない例外の年をつくることで調整しました。この調整によって、実際の太陽の運行とは、3000年に1日ほどのずれしかなくなりました。現在、このグレゴリオ暦は、世界の標準的な暦になっています。

地球の自転と公転

1日は地球がみずから1回転する時間で、1年は地球が太陽のまわりを1周する時間。季節の変化があるのはなぜだろうか。

地球は自転と公転をくりかえしている

かつて、地球は平らだと考えられていました。最初に地球が丸いと考えはじめたのは、古代ギリシャの人たちだといわれています。アリストテレスもそのひとりで、月や星を観測することで、地球が球体であると考えました。そのことを証明できたのは、マゼランがひきいたスペイン船が、1522年に世界一周を達成したときでした。

地球がみずから回転していることは、今や多くの人が知っていることです。地球は、人類が誕生するはるか前から、この「自転」をくりかえしています。そして、自転しながら太陽のまわりをまわっています。それが「公転」です。人類は、地球が1回転する時間を1日とし、地球が太陽のまわりを1周する時間を1年としてきました。

地球が自転する際の軸（地軸／自転軸）は、公転する際の軸（公転軸）に対して23.4°かたむいています。そのため、太陽の光のうけ方が1年周期でかわり、季節の変化につながっているのです。

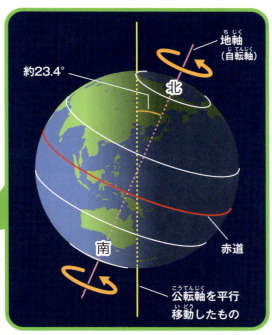

〈地球の地軸と公転軸〉

第2章 暦と時計

機械式の時計の出現

時計の必要性が高まっていくなか、機械式の時計がつくられるようになる。そして、ますます時計は進化していく。

祈りの時刻を伝える塔時計

いわゆる機械式の時計がはじめてつくられるようになったのは、13世紀ごろのイタリアだといわれています。この時計は、教会などに設置された「塔時計」で、おもりを使っていました。おもりが下に落ちようとする力を利用した時計です。水時計も砂時計も、重さによって物体が下に落ちることを利用した点では近いといえます。

当時、ヨーロッパの教会では、祈りの時間を地域の人に知らせるために、鐘楼の鐘を鳴らしていました。その際に塔時計が使われていたようです。

この時計のおもりには長いひもがついていて、歯車のついた軸に、何重にも巻かれています。おもりが下に落ちようとする力で軸をまわし、歯車を回転させます。歯車には特殊なツメがあたるようにしてあり、回転してはとまり、回転してはとまるのをくりかえして、時間をきざみつづけます。塔時計は、何度もひもを巻きもどして使います。塔が高いほど、おもりが落ちる距離を長くできるので、そのぶん長い時間をはかることができます。

ロンドン（イギリス）のウェストミンスター宮殿にある塔時計。ビッグベンの愛称で知られている。

振り子時計とゼンマイ式時計

17世紀後半、「振り子時計」がつくられるようになりました。実用化したのは、オランダのクリスチャン・ホイヘンスという物理学者です。おもりを動力源とした時計に、調節器として振り子を取りつけたものです。

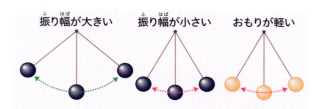

ひもの長さがおなじであれば、おもりの重さや振り幅がちがっても、振り子が往復する時間はおなじ。

この時計は、イタリアの天文学者であるガリレオ・ガリレイが発見した「振り子の等時性」とよばれる法則を利用したものです。振り子は、ひもの長さがおなじであれば、おもりの重さをかえても、振り幅をかえても、往復する時間（周期）がおなじだという法則です。ホイヘンスは、振り子が往復する時間が一定であることを利用すれば、時計の正確性がたもたれると考えたのでした。振り子が一定のリズムをきざむことで、時計の精度がより高まることになりました。

振り子時計が発明される前には、「ゼンマイ式時計」も開発されていました。この時計は、巻きあげたゼンマイがもとにもどろうとする力を利用したものです。おもりを利用した時計はどれも大型のもので、かんたんに移動できるものではありません。しかし、ゼンマイを利用することで、もちはこびができるほど小さな時計がつくられるようになりました。

振り子時計を実用化したホイヘンスは、のちに、収縮と拡張をくりかえすヒゲゼンマイを使った時計を開発します。この時計は、以後、懐中時計などへと進化していくことになります。

札幌市（北海道）の札幌時計台。おもりの重さと振り子を利用して時間を知らせている。

昭和の時代、各家庭にあった柱時計。文字盤のおくにはゼンマイや歯車を使った機械がある。

腕時計のうらのふたをあけたところ。

クオーツ時計と原子時計

現在、世界でもっとも多く使われているクオーツ時計と、さらに精度を高め、国際基準になった原子時計を紹介しよう。

時代はクオーツ時計へ

　振り子時計が発明されたあとも、時計にはより高い精度が求められました。時代が進むにしたがって、さまざまな開発がおこなわれていき、1927年、いっきに新しい時代をむかえることになります。「クオーツ時計」の誕生です。

　クオーツとは、鉱物の水晶（石英）のことです。電圧をくわえると、一定の速さで振動する性質があり、その性質が時計に利用されました。

　クオーツ時計では、水晶を小さなU字型の薄片に加工した「水晶振動子」を使います。一般的な腕時計に使う水晶振動子は、電圧をかけると1秒間に3万2768回振動するように調整されています。水晶振動子の振動をIC（集積回路）で1秒間に1回の電気信号に変換したあと、モーターで回転運動にかえ、歯車を通じて時計の針を動かします。モーターで歯車を回転させるかわりに、液晶パネルで時刻をあらわしたのがデジタル表示の時計です。

　クオーツ時計は、それまでの機械式の時計より格段に精度があがり、1年間で数秒から数分のずれが生じる程度になりました。小型にもしやすく、ごくわずかな電力で使用することができます。そのため、現在では、クオーツ時計が世界でもっとも多く使われる時計になりました。テレビや電子レンジ、洗濯機といった電気製品のほか、スマートフォンなどにもクオーツ時計が組みこまれています。

水晶の結晶

クオーツ式の目覚まし時計

クオーツ式の腕時計

原子時計が国際基準に

　さらに精度の高い時計を求めて、1949年、クオーツ時計とはちがった原理をもつ時計がつくられました。「原子時計」とよばれるものです。

　「原子」とは、物質を構成する基本的な要素で、大きさは約１億分の１cmです。人工的につくられたものをふくめて、100種類以上が知られています。原子は、原子核とそのまわりを飛びまわる電子からできています。そして、電子に光や熱がくわわると、その原子特有の周波数をもつ電磁波（→p48）を放出したり、吸収したりします。電磁波は、空間を伝わる際、波のように進む性質をもっています。その波が１秒間に振動する回数を周波数といいます。

　現在、広く使われている原子時計には、セシウムという金属元素の原子がもちいられています（注）。そして、この原子が発する電磁波が振動した数をカウントして１秒にしています。じつは、1956年までは、地球がひとまわりする自転の周期をもとに１秒がきめられていました。その後、地球が太陽をひとまわりする公転の周期をもとに１秒がきめられました。そして、1967年、国際度量衡総会で、１秒は、ある状態におけるセシウム原子の発生する電磁波が91億9263万1770回振動する時間とさだめられたのです。

　時計が非常に精密になったおかげで、自転する時間も公転する時間も、わずかに変化していることがわかりました。そこで、１秒という時間の基本単位を、地球の動きよりも正確なセシウムが発する電磁波の振動数を基準にすることにきめたのです。

注…放射線をださないセシウム133が使われている。

情報通信研究機構（NICT）の原子時計。
18台のセシウム原子時計が稼働している。
提供：情報通信研究機構（NICT）

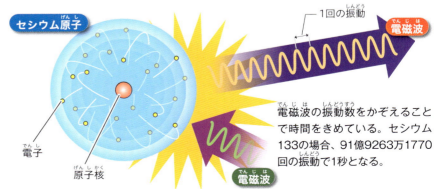

電磁波の振動数をかぞえることで時間をきめている。セシウム133の場合、91億9263万1770回の振動で1秒となる。

第２章　暦と時計

世界をささえる原子時計

原子時計は、世界共通の時間をきめ、各国の時刻をきめている。そして、わたしたちのくらしを大きくささえている。

協定世界時と各国の標準時

原子時計のような高精度の時計がもたらす正確な時間は、さまざまな面でわたしたちの生活をささえています。とくに世界中で情報を通信しあう現代においては、国や地域がたがいに協力しあって、時間を正確にあわせることが必要です。

世界の時刻の基準になっているのは「協定世界時」です。これは、原子時計によって国際的に管理され、世界中に電波やインターネットをつうじて発信されています。そして、速度が変化している地球の自転（→p40）との差が0.9秒をこえないように調整されています。

協定世界時は、経度0°の地点における時刻です。基本的には、そこから経度15°ごとに、1時間ずつ時差をもうけつつ、世界の国や地域がそれぞれのルールで標準時を決定しています。

日本での標準時（日本標準時）は、協定世界時を9時間進めた時刻です。情報通信研究機構が管理している原子時計をもとにさだめられていて、協定世界時との誤差がつねに1億分の1秒以内になるように調整されています。

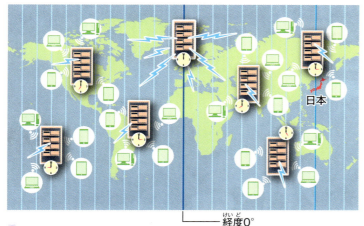

協定世界時は、世界の時刻の基準になっている。

経度0°

東京都小金井市にある情報通信研究機構（NICT）の公式サイトでは、閲覧した時刻の「日本標準時」とともに「協定世界時」なども確認できる。

くらしをかえたGPS

原子時計は、わたしたちのくらしを大きくかえることになりました。その例として、真っ先にあげられるのは「GPS」です。GPSとは、人工衛星から発信された電波を受信し、リアルタイムで位置を測定できるシステムです。

このシステムは、航空機や船舶、自動車、スマートフォンなど、さまざまなものに組みこまれています。自動車に搭載されている「カーナビ（カーナビゲーション・システム）」や、スマートフォンの地図アプリなどにもGPSが利用されています。

GPSは、Global Positioning Systemの略称で、「全地球測位システム」ともよばれています。もともとは、アメリカが軍事用に構築したものですが、今では受信機さえあれば、地球上にいるだれもが利用できます。

約30機のGPS衛星が高度約2万kmの上空を周回して、地球の全範囲をカバーしています。GPS衛星は、それぞれ高精度の原子時計をもっていて、正確な時刻と衛星の位置をつねに電波で発信しています。電波をうけた受信機は、電波が発信された時刻とのわずかなずれから衛星との距離を認識します。そして、4機の衛星からの電波を測定して、受信機の現在位置を測定しているので、原子時計が精密になればなるほど、GPSの精度も向上します。

高精度の原子時計は、3億年かかってもわずか1秒しかずれない精度をもっているといわれます。それでも研究者たちは、さらなる高精度の時計を求めて、開発を進めています。

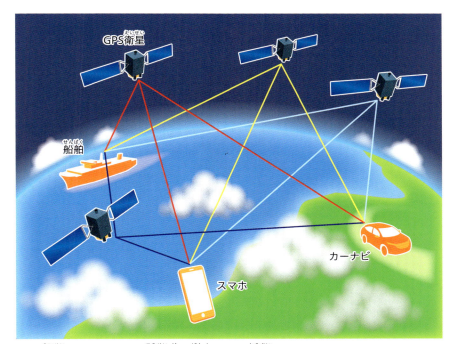

GPS衛星には、それぞれ高精度の原子時計が搭載されている。わたしたちのくらしをかえたGPSは、原子時計によってささえられている。

1日の長さはだんだんのびている

　1日は、地球が自転でひとまわりする時間です。わたしたちは、この1日がおなじようにくりかえすことを基本にして生活をつづけています。

　ところが、時計が高精度になると、地球が自転する速さが、毎日わずかに変化し、長期的には遅くなっていることがわかりました。つまり、1日の長さが少しずつのびているのです。1日の長さは、3億年前は約23時間、5億年前は約21時間だったと考えられています。

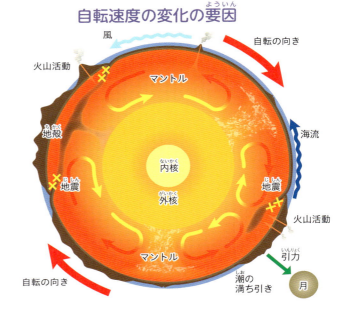

自転速度の変化の要因

　自転の速度がかわる要因はさまざまあります。ひとつは海の潮の満ち引きです。海は1日に2回、満ちたり引いたりをくりかえしています。これは月の引力が影響しています。引力とは、物と物がたがいにひっぱりあうことです。月の引力による海水の満ち引きが自転の速度を速くしたり遅くしたりしているといわれています。

　地球の表面には、かたい岩盤をふくむ地殻があります。そして、その内側にマントルがあります。マントルは固体ですが、ゆっくりと対流しています。また、地球の中心には核（内核と外核）があります。内核は高密度の固体ですが、それをおおう液体状の外核はつねに対流しています。こうした地球の内部の動きも、自転の速度に影響をあたえているといいます。

　風や海流、火山活動、地震の影響もあります。また、大気の分布が変化したり、降雨や氷山の移動によって水の分布が変化したりすることも、自転の速度を変化させているといいます。近年、地球規模の気候変動による影響で、高地の雪や氷が大量にとけ、地球の自転の速度が速まっているという報告もあります。

第3章
物理からみる時間

ニュートンが考える時間

近代科学の基礎をきずいたといわれるニュートン。彼の考える時間とは、どのようなものだろうか。

万有引力の法則

　イギリスの物理学者で数学者のアイザック・ニュートン(注)は、近代科学の基礎をきずいた人物だといわれます。彼の多くの功績のうち、とくに有名なものは「万有引力の法則」を発見したことかもしれません。かんたんに紹介しましょう。

　月は地球のまわりをまわっています（公転）。そして、地上では、熟したリンゴが木から落ちます（落下現象）。月の公転もリンゴの落下現象も、わたしたちがよく知っている現象ですが、どちらもおなじ原理によっておきていることにニュートンは気づいたのです。その原理が万有引力の法則です。あらゆる物体と物体のあいだには、たがいにひきあう力「引力」がはたらくという法則です。

　月は、みずからまっすぐ進もうとする力と、地球の引力の両方が作用して、地球のまわりをまわっています。地上で物が落ちるのも、物と地球とのあいだに引力がはたらいているからなのです。

注…1643〜1727年

地球上にあるものは、人も物もすべて地球にひっぱられている。リンゴが地面に落ちるのも、人が立っていられるのも、地球がひっぱっているから。

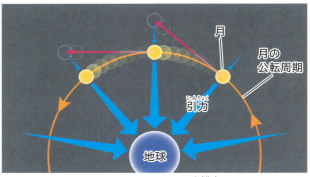

〈月は地球のまわりをまわる〉
← まっすぐ進もうとする
← 地球の引力にひっぱられる

月はまっすぐ進もうとするが、地球の引力にひっぱられてもいる。その2つの力が作用して、月は地球のまわりをまわっている。地球が太陽のまわりをまわるのも、おなじ原理による。

絶対空間と絶対時間

　万有引力の法則は、ニュートンが発表した『プリンキピア（自然哲学の数学的原理）』という書物で紹介されています。ニュートンは、この書物で「運動の法則」を確立し、のちに「ニュートン力学」とよばれる学問の体系をつくりあげました。

　ニュートンは、地上でみられる物体の動きも、宇宙にある天体の動きも、おなじ原理によっておこるはずだと考えました。そして、観測されるさまざまなことを統一的に説明しようとしたのです。

　ニュートンは、空間と時間について、次のように説明しています。空間は、無限の広がりをもっていて、形がかわることもなく、物体があろうがなかろうが、また、物体がどんな動きをしようが、いっさい影響されることなく存在するものだとしています。そして、時間については、無限の過去から無限の未来へ、一定の速さで直線的に流れるものだとしています。

　どんなものにも影響されずに独立した空間と時間は、「絶対空間」「絶対時間」とよばれています。たとえるなら、時間は、はじまりもおわりもなく、永遠に一定の速さで進む水平型エスカレーター（動く歩道）のようなものだといえます。

絶対時間とは、空間を一定の速さではこぶ水平型エスカレーターのようなものだといえる。

ニュートンが確立した「運動の三法則」

第一法則 （慣性の法則）	静止している物体や、おなじ速度で進んでいる物体は、外から力をくわえないかぎり、そのままの状態をたもつ。
第二法則 （ニュートンの運動方程式）	物体に力がくわえられると、その力とおなじ方向に運動がおこる。また、運動は、その力の大きさに比例し、物体の質量(注)に反比例する。
第三法則 （作用・反作用の法則）	物体がほかの物体に力をおよぼすとき、ほかの物体からおなじ大きさの逆向きの力をうける。

注…質量とは、ある物体がもつ物質の量のこと。「質量」と「重さ（重量）」は似ているが、おなじではない。天体がかわったり、地球上でも場所がちがったりすれば、重力（引力などによってひっぱられる力）が異なるので、おなじ物体でも重さはちがう。たとえば、月の重力は地球の重力の約6分の1しかないので、おなじ物体でも、月での重さは地球での重さの約6分の1になる。重さでなく質量であらわせば、どこであってもかわることはない。

絶対的な空間と時間に対する異論

ニュートンがとなえる絶対空間と絶対時間という考え方は、うたがいようもないものだった。しかし、それに異をとなえる人がいた。

相対空間と相対時間

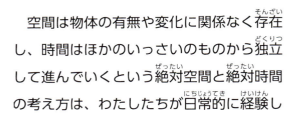

空間は物体の有無や変化に関係なく存在し、時間はほかのいっさいのものから独立して進んでいくという絶対空間と絶対時間の考え方は、わたしたちが日常的に経験している感覚と似ています。

しかし、この考え方に異をとなえる人たちがあらわれます。オーストリアの哲学者で物理学者のエルンスト・マッハ（注）もそのひとりです。マッハは、もし宇宙のあらゆるものがなくなって、からっぽになってしまったら、わたしたちは空間自体を知ることができないといいます。また、物体が変化しなければ、時間の流れを知ることもできないはずだといいます。マッハによれば、物質がなければ、空間も時間も存在しません。空間と時間は、物質があるからこそ認識され、認識されてはじめて存在することができるというのです。

このような時間と空間は、ニュートンの考える「絶対空間」「絶対時間」に対して、「相対空間」「相対時間」とよばれています。この考え方は、のちにアインシュタインに大きな影響をあたえることになります。

注…1838～1916年

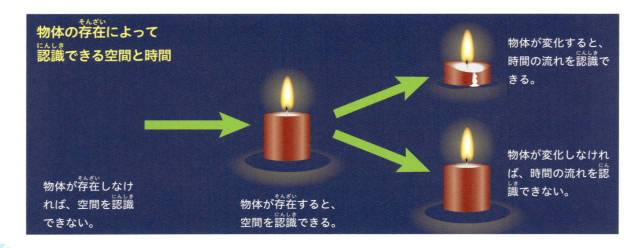

物体の存在によって認識できる空間と時間

物体が存在しなければ、空間を認識できない。

物体が存在すると、空間を認識できる。

物体が変化すると、時間の流れを認識できる。

物体が変化しなければ、時間の流れを認識できない。

信じがたい光の実験結果

ある実験によって、光の不思議な性質があきらかになる。多くの科学者がみとめたがらなかった衝撃的な実験結果とはなにか。

マイケルソン・モーリーの実験

1887年、アルバート・マイケルソンとエドワード・モーリーという2人のアメリカの科学者が、ある実験をおこないました。それは、光の性質について、当時の科学者たちには信じがたい結果をもたらす実験でした。

2人の実験は、地上で東西方向に放射した光と、南北方向に放射した光の速度のちがいをくらべようとしたものでした。地球は公転しています。公転では、地球のほぼ東西方向に、時速約10万8000kmで進んでいます。そこで2人は、東西方向に進む光は、公転の影響をうけて速く進むだろうと考えていました。しかし、結果は、東西に進む光の速さと、南北に進む光の速さがおなじであることがわかったのです。

状況がかわっても光の速さが不変だという実験結果は、多くの科学者たちに衝撃をあたえました。「速度」は、「距離÷時間」という計算式で求められます。距離や時間がどのような状況でも、光の速度が不変だというなら、距離（空間）の基準や、時間の進み方そのものについて、根底から考えなおさなければいけなくなります。2人の実験結果をうけいれることは、ニュートン力学を否定することにもつながりました。

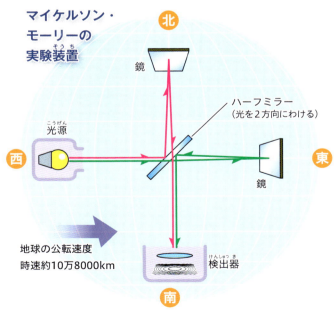

マイケルソン・モーリーの実験装置

この実験では、ハーフミラーを使って、光を南北の方向と東西の方向にわけて、速さのちがいを検出した。

光の速度はかわらない

マイケルソン・モーリーの実験結果をより具体的に考えてみよう。
光の進み方は、ほかの物体の進み方とはちがうのだろうか。

光の速度はかわらない

マイケルソン・モーリーの実験結果がしめす光の性質がどんなものだったのか、わかりやすく説明してみましょう。

たとえば、走っている電車のなかで、人が電車の進行方向にむかって歩くと、車外の人からどうみえるのかを考えてみます。かりに電車の速度を時速50km、人が歩く速度を時速5kmとします。車外にいる観測者からは、電車の速度に歩行の速度がくわえられて時速55kmにみえます。これは、ニュートン力学（運動の三法則のうちの第二法則）で説明されるとおりの結果です。

つぎに時速50kmで進む電車のなかで、光を電車の進行方向にむかって放射した場合を考えます。光は1秒間に約30万kmの速さで進みます。時速にすると約10億8000万kmです。車外にいる観測者には、光は電車の速度をくわえた時速約10億8000万50kmで進むように思えますが、実際はちがいます。車内にいる人にも、車外にいる人にも、光の進む速さは、おなじ時速約10億8000万kmにみえます。観測する人の状況がかわっても、光の速度はかわらないのです。

車外のとまっている観測者には、車内の人が時速55kmで進んでいるようにみえる。

車内の人にも、車外のとまっている人にも、光はおなじ時速約10億8000万kmで進んでいるようにみえる。

アインシュタインの特殊相対性理論

物理学の革命といわれる「特殊相対性理論」は、光の速さが不変であることをうけいれることから生まれた。

アインシュタインの思考実験

マイケルソン・モーリーの実験結果を知った多くの科学者たちは、光の速さ（光速）が異なった状況でも一定であることに、とまどいをおぼえました。しかし、ドイツ出身の科学者、アルベルト・アインシュタイン(注)は、この実験結果を全面的にうけいれるところから考えを進めます。

1905年、彼は物理学の革命ともいわれる「特殊相対性理論」を発表し、この理論の基本原理として「光速度不変の原理」を導入します。光を発するものや観測者がどんな速度で運動していても、光の速さはかわらないという原理です。

この原理について、具体的に考えてみましょう。下の図のように、光速に近い速さで進む宇宙船のなかに光時計があります。船内の観測者からみると、光は10億分の1秒で1回往復します。しかし、船外の観測者からみると、光の経路は長くなり、1回往復するのに10億分の1秒より長い時間がかかります。つまり、船外の観測者からみると、船内の時間はゆっくり進んでいることになるのです。これは、時間がけっして絶対的なものではなく、観測者ごとにべつべつの時間が存在するということをあらわしています。

注…1879 〜 1955年

2枚の鏡で光を反射させる光時計。光が1回往復する時間は10億分の1秒。

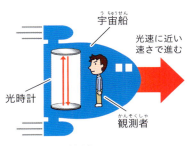

船内の観測者が光時計をみると、光は10億分の1秒で1回往復している。

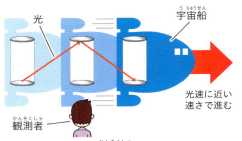

船外のとまっている観測者からみると、光は赤い矢印のように長い距離を進むので、1回往復するのに10億分の1秒より長い時間がかかる。

光の不思議な性質

光は波のような性質をもつとともに、粒子としての性質ももっている。光の不思議な性質をさぐってみよう。

波のように広がる光

光は「電磁波」の一種です。電磁波は、波が水面を広がるように空間を進み、その波の間隔を「波長」といいます。電磁波は、波長の長いほうから「電波」「赤外線」「可視光線」「紫外線」「X線」「ガンマ線」などにわけられます。電磁波のなかで、わたしたちが目にすることができるのは可視光線です。たんに「光」というとき、多くはこの可視光線のことをさします(注)。可視光線のなかでも、波長の長さがかわると、みえる色がかわります。

46ページで光の速さは秒速約30万kmと説明しましたが、どの電磁波も、光とおなじ速度で進みます。より正確にいうと、どの電磁波も速度は一定で、真空中を秒速29万9792.458kmで進みます。1秒間に地球を7周半まわる速さです。真空とは、周囲にくらべて空気が少なく、十分圧力が低い状態のことをいいます。空気は、人の目にはみえませんが、窒素や酸素などの気体のつぶ（分子）がたくさんつまっています。

注…たんに「光」というとき、可視光線だけでなく、紫外線や赤外線をふくめる場合もある。

〈波長の長さによってわけられる電磁波〉　電磁波の波長が短いほどエネルギーは大きい。

←長い　　　（エネルギー：小さい）　波長　（エネルギー：大きい）　　　短い→

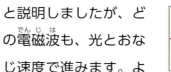
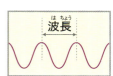

電波	赤外線	可視光線	紫外線	X線	ガンマ線
電子レンジ	リモコン	花	日焼け	レントゲン	ジャガイモの発芽防止

48

星のすがたをうつす光

　電磁波は、波のような性質をもつとともに、粒子としての性質ももっています。光は、粒子の数が多くなるほど明るくみえるようになります。

　太陽の光は、真空の宇宙空間を伝わって、約1億5000万kmはなれた地球にとどきます。太陽はたいへん遠いところにあり、光といえども、地球にとどくまでに約8分20秒もかかります。つまり、わたしたちが目にしている太陽の光は、約8分20秒前に出発したものなのです。

　夜空にかがやく星の光も、長い時間をかけて地球にとどきます。天文学の分野でよく使われる単位のひとつに「光年」があり、光が1年かけて進む距離を「1光年」としています。1光年は、約9兆4600億kmという途方もない距離です。

　たとえば、みなさんがよく知っている北極星は、地球から約323光年はなれたところにあります。わたしたちがみている北極星は、約323年前のすがたなのです。宇宙には、北極星よりはるかに遠い星もあります。高性能の望遠鏡を使えば、人類が誕生したとされる700万年前の光も、地球が誕生したとされる46億年前の光もみることができるのです。

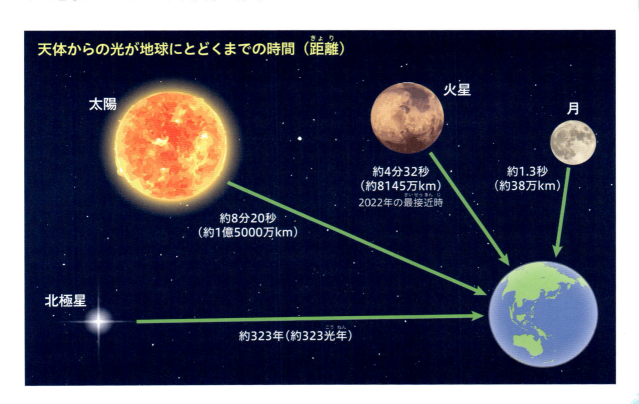

天体からの光が地球にとどくまでの時間（距離）

太陽　約8分20秒（約1億5000万km）
火星　約4分32秒（約8145万km）2022年の最接近時
月　約1.3秒（約38万km）
北極星　約323年（約323光年）

10億分の1秒先の未来

わたしたちは、気づかないあいだに未来へいっている。それは、いったいどういうことなのだろう。

宇宙旅行のウラシマ効果

アインシュタインは特殊相対性理論で、光の速さが不変であるとともに、光より速く進むものはないとのべています。また、観測する人が動くと、時間の進み方が遅くなるとものべています。

じつは、わたしたちのふだんの生活のなかでも、時間が遅くなることがあります。たとえば、新幹線に乗って、東京駅から博多駅までいくと、車内では10億分の1秒、時間が遅く進むといいます。つまり、10億分の1秒先の未来にいくことになるのです。あまりにもわずかなちがいなので、わたしたちが気づくことはありません。

では、光の速さの99％の速度で進む高速宇宙船があったとしたらどうでしょうか。この宇宙船のなかでは、時間の進み方が約7分の1になることがわかっています。地球から、この高速宇宙船で10年間旅をして地球にもどった場合、地球では7倍の70年間がすぎています。つまり、60年先に進んだ未来の地球にきたことになるのです。この現象は、「うらしまたろう」の昔話になぞらえて、「ウラシマ効果」とよばれています。

新幹線の車内でも、時間は遅く進んでいる。

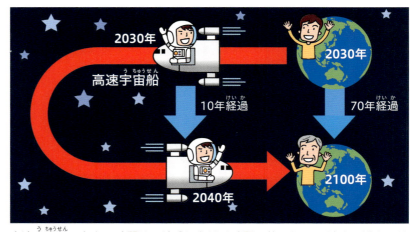

高速宇宙船のなかの時間は、地球における時間の約7分の1の速さで進む。地球の時間は、船内の時間の約7倍速く進む。

運動すると空間がちぢむ

　特殊相対性理論によれば、動いているものは、時間の進み方が変化するだけでなく、空間も変化しているといいます。空間が変化するとは、どういうことでしょうか。

　たとえば、高速宇宙船とトンネルがあります。そして、宇宙船のなかと宇宙船の外に観測者がいます。トンネルは、高速宇宙船がはいってから完全にぬけるまで1秒かかる長さがあります。この宇宙船がトンネルをぬけるようすを考えてみましょう。

　47ページで紹介したように、動いている宇宙船のなかでは、時間の進み方が遅くなります。しかし、宇宙船の外からみた場合、トンネルにはいってから1秒後には完全にトンネルをぬけています。宇宙船のなかでは遅く時間が進んでいるのに、船外からみると1秒でトンネルをぬけているのは、トンネルの長さが短くなっているからだというのです。

　つまり、運動しているものは、運動する方向に長さ（空間）がちぢむということです。動いているものは時間の進み方だけでなく、長さの基準（尺度）そのものも変化しているのです。

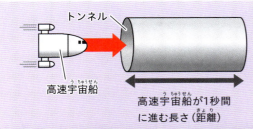

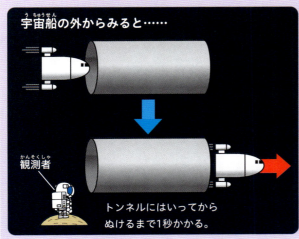

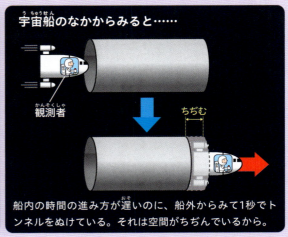

宇宙船のなかでは時間がゆっくり進んでいるのに、船外からみると、宇宙船は1秒間でトンネルをぬけている。宇宙船のなかでは長さの基準そのものがかわり、トンネルが短くなっているという。

アインシュタインの一般相対性理論

時間は、重力の影響をうけるとゆっくり流れる。地球上にいるわたしたちの時間も、地球の重力の影響をうけつづけている。

重力が時間をおくらせる

アインシュタインは、特殊相対性理論で、動いているものの時間がおくれることを説明しましたが、それ以外にも時間をおくらせるものがあることに気づいていました。それは重力です。重力の影響をうけるものの時間もゆっくり進むというのです。彼は、1915年から翌年にかけて「一般相対性理論」を完成させ、時間と重力の関係についてあきらかにしました。

樹上のリンゴが地面に落ちるのも、わたしたちが地面に立っていられるのも、地球の重力をうけていることによる現象です。そして、地球の重力の影響によって、わたしたちの時間はわずかにおくれているというのです。

実際、地表にある時計は、無重力の宇宙空間にある時計よりも、ゆっくり進むことがわかっています。ただし、そのおくれは、1年間で10億分の1秒というごくわずかなものでしかありません。

地球上にあるものは、地球の重力で、中心にむかってひっぱられている。

無重力空間

地球　遅い　速い

地球から十分はなれた無重力空間にある時計は、地表にあって地球の重力の影響をうけている時計よりも速く進む。

測定されている時間のずれ

物体の質量が大きくなるほど、その物体にはたらく重力は大きくなります。そして、重力が大きくなるほど、時間の進み方が遅くなる度合いも大きくなります。

地球の重力も、時間の進み方に影響をあたえています。ただし、高いところにあるものほど重力は小さくなり、時間の進み方が速くなります。

たとえば、東京スカイツリーの展望台は、地表から450mの高さにあります。そこにおかれた時計にはたらく重力は、地表におかれた時計より小さく、1日あたり10億分の4秒速く進みます。

また、GPS衛星(→p39)は、高度約2万kmの上空にあって、地球からうける重力が小さいため、地表におかれた時計よりも速く進みます。ただし、地球を周回する運動などの影響で、時間の進み方がおくれ、差し引いて、1秒間に約100億分の4秒速く進むことがわかっています。ごくわずかなちがいですが、GPS機能を維持するためには無視することができません。そのため、GPS衛星に搭載する時計は、1秒間に約100億分の4秒遅く進むように補正されています。

第3章 物理からみる時間

東京スカイツリー

450m

地球からうける重力が小さい

1日に10億分の4秒速く進む

地球からうける重力が大きい

地上450mの高さにある時計は、地表におかれた時計より、1日あたり10億分の4秒速く進む。

GPS衛星
高度約2万kmの上空
1秒間に約100億分の4秒速く進むため、補正されている
地球
遅い

GPS機能を維持するためには、重力によるわずかなずれも無視できない。

53

時空がゆがむブラックホール

時間と空間は、もはやべつべつに考えるものではなくなった。強力な重力で時空をゆがめるブラックホールとはなんだろう？

重力の正体

アインシュタインは、一般相対性理論のなかで、時間と空間が密接に関連したものとして、「時空」という概念をとりいれました。質量をもつ物体のまわりでは、重力の影響で空間がゆがみます。そして、空間のゆがみが大きいほど、時間の進み方が遅くなるというのです。

重力は、電力や磁力とおなじように目にはみえませんが、はなれたところにある物体に力をおよぼします。この重力の正体とは、なんなのでしょうか。

重力による空間のゆがみは、ピンとはったゴムの膜にたとえて説明されることがあります。ゴムの膜は、やわらかく弾力性があります。中央に重いボールをおくと、膜がくぼみ、ボールがしずみます。

そのボールのそばにべつのボールをおくと、中央のくぼみにひきよせられるように転がっていきます。そして、ボールが重いほど、膜は深くくぼみ、くぼみ方が急になるほど、周囲のボールをひきよせる力が強くなります。このくぼみによってボールが動く現象が、重力の正体をあらわしているというのです。

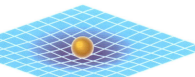

ゴムの膜の中央にボールをおくと、膜がくぼんで、ボールがしずむ。ボールが重いほど、くぼみは大きくなる。

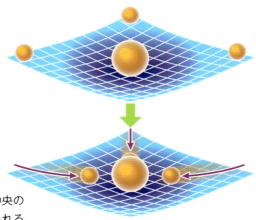

周囲のボールは、中央のくぼみにひきよせられる。

ブラックホールの謎

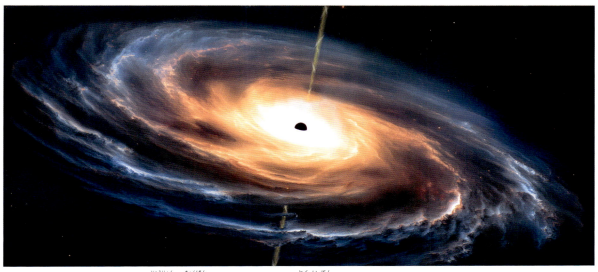

ブラックホールの中心には、重力が極限にまで強くなった特異点があり、あらゆるものがすいこまれる。

第3章 物理からみる時間

　宇宙には、極端に強力な重力をもつ天体があります。その代表が「ブラックホール」です。ブラックホールは、太陽の30倍以上の質量をもつ星が大爆発したときにできる天体です。このような重力の強い天体は、時間の進み方に大きな影響をあたえるといいます。

　ブラックホールの中心には、「特異点」とよばれる超高密度の点があります。周囲にあるものは、極限にまで強くなった重力によって、すべて特異点にすいこまれます。光さえすいこまれてしまうので、真っ黒の空間ができます。しかし、ガスがすいこまれるときは、周囲にとてつもない速さで回転する高温の円盤ができて、大量の電磁波を発生させます。

　特異点では、重力の強さが無限大になるといいます。特異点にすいこまれたものが、その後、どうなるのかはわかっていません。相対性理論でも、特異点の説明はできていません。

　ブラックホールのふちでは、空間のゆがみが非常に大きく、十分はなれた観測者からみると、時間がとまってみえます。ところが、ブラックホールにひきこまれている人にとっては、時間はいつものように流れるといいます。また、ブラックホールの周囲では、強い重力によって光の方向がまげられます。

55

星の一生

人に一生があるように、星にも一生がある。星はどのように誕生し、どのように最後をむかえるのだろうか。

星の誕生

地球は、太陽からとどく光の恩恵をうけています。太陽がなければ、わたしたち人間が地球上にあらわれることはなかったでしょう。

太陽のように、みずから光と熱を発する星を「恒星」といいます。わたしたちに一生があるように、恒星にも一生があります。ただし、人よりもはるかに長い時間をかけた一生です。

恒星は、宇宙空間にただようガスやちりのなかから生まれます。ガスやちりが、たがいの重力によって集まると、その中心はますます重力が強まって収縮し、高密度になります。これが「原始星」ともよばれる星の赤ちゃんです。この状態は1万年とか数万年ほどつづきます。

やがて、星の中心では、核融合(注)というはげしい反応がおきて、かがやきだします。恒星（主系列星）の誕生です。生まれたばかりの恒星は、ほぼ水素とヘリウムだけでできています。水素は、全物質のうちでもっとも軽く、ヘリウムはつぎに軽い物質です。

核融合では、すさまじいエネルギーが発生します。そして、水素やヘリウムより重い物質がつぎつぎと生まれていきます。

注…水素などの物質のなかにある原子核同士が高温、高圧、高密度の状態でむすびつき、べつの物質へと変化すること。

水素などが集まっていて、濃いところが星になる。

みずからの重力で、周囲にあるいろいろな物質を集めて大きくなる。取りこみきれなかったガスが中央から放出される。

星の最後

　恒星は、核融合のエネルギーによってかがやきつづけます。しかし、どんな星にも寿命はあります。恒星の寿命は、数千万年とか数百億年といわれます。どんな最後をむかえるかは、質量のちがいでかわります。

　太陽の8倍以下の質量をもつ恒星は、燃料となる水素がなくなると、温度が低くなってどんどんふくらみ、「赤色巨星」になります。最後は燃えつきて、核の部分だけが残って「白色矮星」になり、その後、冷えきった小さな暗い星「黒色矮星」になります。

　太陽の8倍から30倍くらいまでの質量をもつ恒星は、寿命がくると「赤色超巨星」になり、超新星爆発をおこします。そして、「中性子星」という超高密度の小さな星になります。太陽の30倍以上の質量をもつ恒星はブラックホールになります。

　寿命をおえた星のくずは、宇宙空間にちらばって星間ガスになります。そして、新しい星の材料になるのです。じつは、星の一生は、わたしたちと深い関係にあります。一生をおえた星のくずには、核融合や超新星爆発のときにつくられたさまざまな物質がふくまれています。地球という星に住む、わたしたち人間の体をつくる物質も、もとをたどれば、そうした星のくずからできているのです。

第3章　物理からみる時間

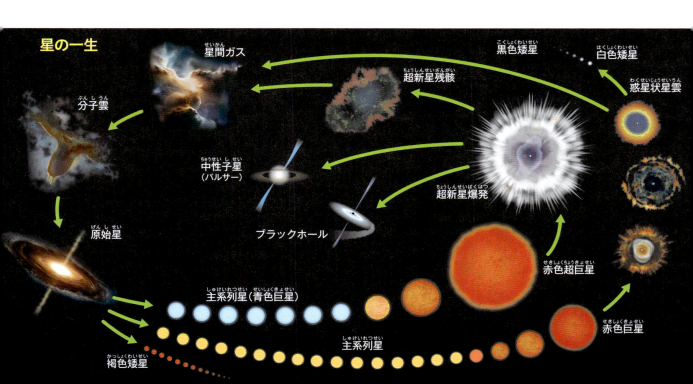

宇宙の時間

宇宙はどのようにはじまったのだろうか。そして、今の宇宙のすがたになるまでに、どのような変化をとげたのだろうか。

宇宙の誕生から現在まで

宇宙は、138億年前に、かぎりなく小さな点からはじまったと考えられています。その小さな点が一瞬で急膨張（インフレーション（注））したあと、「ビッグバン」とよばれる高温・高圧の大爆発をおこします。それ以前は、空間も時間も存在しない無の状態だったとされています。つまり、宇宙の誕生とともに空間があらわれ、時間が進みはじめたというのです。

ビッグバンの直後、宇宙の温度は100兆〜1000兆℃の高温から、わずか3分ほどで10億℃にまでさがり、水素とヘリウムが形成されます。水素とヘリウムだけがただよう宇宙は、徐々に膨張しながら冷えていきます。その38万年後、宇宙の温度が約3000℃にまでさがると、光が直進できるようになり、宇宙空間に光がみちあふれます。これを「宇宙の晴れ上がり」とよんでいます。

宇宙が誕生してから約2億年後、水素とヘリウムから恒星が生まれはじめ、銀河が誕生し、今もみられるような宇宙のすがたになります。そして、138億年後の現在も、宇宙は膨張しつづけているのです。

注…インフレーション理論では、宇宙のはじまりに急膨張（インフレーション）があったとしている。1981年に日本の宇宙物理学者、佐藤勝彦とアメリカの宇宙物理学者、アラン・グースがそれぞれ提唱した。

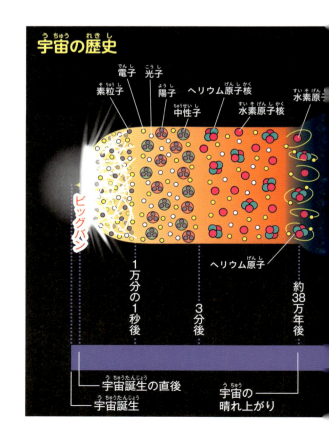

宇宙の歴史

ビッグバンの痕跡

宇宙のはじまりにビッグバンがあったことや、宇宙が膨張しつづけていることは、なかなか信じられることではないかもしれません。しかし、それらはすでに証明されています。

1922年、観測によって、遠いところにある銀河ほど、遠ざかるスピードが速いことが発見されました。これは、宇宙が膨張しつづけていることをあらわしています。宇宙の膨張について時間をさかのぼって考えると、最終的にはかぎりなく小さな点にゆきつきます。この観測結果は、過去にビッグバンがあったことのあかしだとされているのです。

また、「宇宙背景放射（宇宙マイクロ波背景放射）」という電波が高精度で観測されています。この電波は、宇宙のあらゆる方向から放射されていて、宇宙のどの場所でもほとんどおなじ温度であることがわかりました。宇宙背景放射は、宇宙が誕生してから38万年後、宇宙の晴れ上がりの時代に生まれた光のなごりで、ビッグバンが宇宙全体でおきたという証拠だと考えられています。

第3章 物理からみる時間

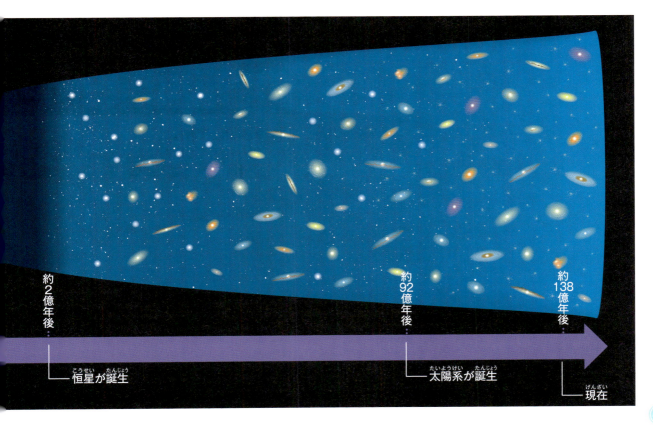

約2億年後 ─ 恒星が誕生

約92億年後 ─ 太陽系が誕生

約138億年後 ─ 現在

59

宇宙の果て

わたしたちは、宇宙の果てを観測することができない。そして、宇宙の形や大きさをたしかめることもできない。

膨張しつづける宇宙のゆくえ

49ページで紹介したように、遠くをみることは、過去をみることです。100億光年はなれた天体を観測したら、100億年前の光をみることになります。宇宙が誕生したのは138億年前です。それ以前について観測することはできません。そこが観測の限界であり、宇宙の果てだといえるのかもしれません。

宇宙は膨張しつづけています。しかも、光速の3.5倍の速さで膨張しているといいます。相対性理論では、光速より速い物体はないとされています。しかし、それは物体間での話で、空間そのものの膨張や、それにともなう天体間の相対速度は光速をこえられるといいます。現在の宇宙の果てから放射された光が地球にとどくことはありません。宇宙の形や大きさを直接たしかめることはできないのです。

宇宙におわりがあるとしたら、いったいどうなるのでしょうか。宇宙が膨張をつづけたまま、すべてが分解されつくし、異常な低温になっておわるのかもしれません。また、膨張がどこまでも加速して、すべてのものがひきさかれ、分解されておわるかもしれません。あるいは、いつか膨張から収縮にかわり、かぎりなく小さな点にもどっておわるのかもしれません。いずれにしても、宇宙がおわるときは時間の進行もおわるだろうと考えられています。

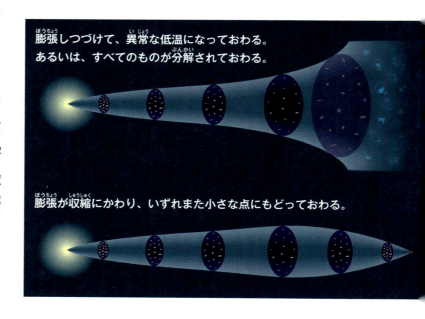

膨張しつづけて、異常な低温になっておわる。あるいは、すべてのものが分解されておわる。

膨張が収縮にかわり、いずれまた小さな点にもどっておわる。

物理学の究極理論

現代の物理学は、相対性理論と量子力学が中心になっている。しかし、2つの理論は説明する分野がちがい、統合できないという。

量子力学と超ひも理論

相対性理論とともに、現代の物理学の中心となっている理論があります。それは「量子力学」です。相対性理論は、時間や空間、物質、エネルギーにかかわる現象について説明することができます。一方、量子力学は、原子や素粒子(注)などにかかわる現象について説明することができます。量子とは、粒子と波の両方の性質をもった、小さな物質やエネルギーの単位のことです。

相対性理論と量子力学は、いっしょに使おうとすると、矛盾しあって両立しません。すべての現象をひとつの理論で説明できる究極の理論をつくりだそうと、科学者たちは努力をつづけています。

今、究極の理論の候補として注目されているのが「超ひも理論（超弦理論）」です。この理論はまだ仮説で、実証されてはいません。しかし、素粒子はつぶではなく、ある種のひも（弦）でできていると考えれば、形状や振動が素粒子の動きやほかの現象についてうまく説明できるといいます。

注…物質を構成する最小単位の粒子。

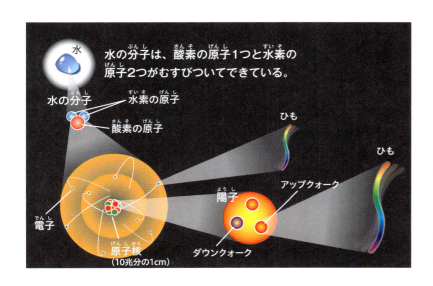

水の分子は、酸素の原子1つと水素の原子2つがむすびついてできている。

超ひも理論

従来の物理学では、クォークや電子はつぶだと考えるが、超ひも理論では、つぶでなく、ひも（弦）だと考える。

〈ひらいたひも〉
振動がおだやかだと、質量の小さな素粒子になる。

振動がはげしいと、質量の大きな素粒子になる。

〈とじたひも〉
重力を伝える素粒子になる。

宇宙はいくつもある!?

宇宙は、けっしてひとつとはかぎらない。むしろ、無数に存在すると考えるほうが自然なのかもしれない。

多重発生する宇宙

宇宙はひとつだけでなく、いくつもあると考える科学者たちがいます。このような宇宙は、「マルチバース」や「多宇宙」、「多元宇宙」などとよばれています。

わたしたちは、自分がいるこの宇宙の外側を観測することはできません。だからといって、宇宙はひとつで、ほかに宇宙はないと断定することもできません。わたしたちの宇宙とそっくりな宇宙があるかもしれないし、まったくちがう進化をとげた宇宙があるかもしれません。

インフレーション理論(→p58)では、宇宙がはじまるとき、急膨張（インフレーション）があったと説明しています。この急膨張は、1度だけでなく、何度もおきたのではないかと考えられています。宇宙の一部

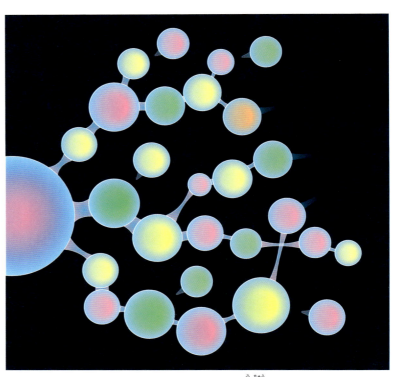

多重発生する宇宙のイメージ。インフレーション理論では、宇宙はあわのようにつぎつぎと発生すると考えられている。

が急膨張して、べつの宇宙がつくられていき、親宇宙から子宇宙へ、子宇宙から孫宇宙へと、宇宙があわのようにつぎつぎと誕生しているというのです。

超ひも理論のブレーンワールド

　究極の理論の候補といわれる超ひも理論（→p61）でも、宇宙はいくつもあると考えられています。この理論によると、世界は、わたしたちが考えているより高次元でなければならないといいます。

　9ページで紹介しているように、わたしたちが認識している世界は、たて、横、高さの3つの方向に広がる3次元です。これに時間をくわえれば、わたしたちは4次元の時空に生きているといえます。超ひも理論では、世界は10次元に時間をくわえた11次元の時空であり、4次元をこえた残りの7次元についてはわたしたちに観測できないと考えられています。

　この理論では、宇宙を「ブレーン」という膜にはりついているようなものだとして説明しています。膜とはいえ、10次元の空間にうかぶ3次元の膜です。3次元にくらすわたしたちにはイメージできませんが、このような宇宙を「ブレーンワールド（膜宇宙）」とよんでいます。

　わたしたちの宇宙にあるすべての物質は、3次元のブレーンの上を移動できるものの、ブレーンからはなれることはできません。光もブレーンにとじこめられているため、ほかのブレーンをみることはできないし、ブレーンがうかぶ高次元の空間をみることもできません。ただし、重力だけは、ブレーンからはなれて、高次元の空間を行き来できるといいます。時間の流れ方は、ブレーンによってちがうのではないかと考えられます。

第3章　物理からみる時間

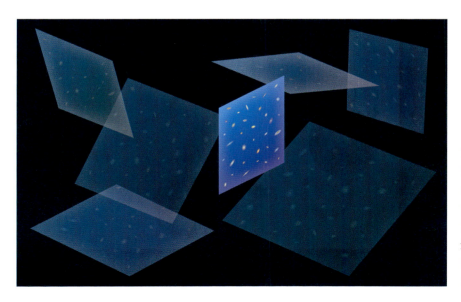

ブレーンワールドのイメージ。ブレーンとは、3次元の空間がはりついている膜のようなもの。わたしたちは、ブレーンからはなれることができず、光が外部からとどくことはない。ブレーンはいくつもあると考えられている。

タイムトラベルはできるのか？

過去や未来へ時間を移動するタイムトラベル。物語のなかでしばしばえがかれる時間移動は、はたして実現可能なのだろうか。

ブラックホールで時間移動

イギリスのSF作家、H・G・ウェルズは、1895年に発表した小説『タイムマシン』で、過去や未来へ行き来できる装置を登場させました。それ以来、小説や映画、漫画、アニメ、ドラマなどのさまざまな分野で、過去や未来へ時間を移動する「タイムトラベル（時間旅行）」のアイデアが使われるようになりました。

わたしたちが空間のなかを行き来できるように、時間のなかでも過去や未来へ行き来できると考えるのがタイムトラベルです。時間の進み方は一定ではありません。相対性理論によって、物体の移動や重力によって、時間の進み方が遅くなることがわかっています。では、実際のところ、タイムトラベルは実現可能なのでしょうか。

たとえば、きわめて強い重力をもつブラックホールや中性子星の近くを通ると、時間の進み方が遅くなります。もし、その重力をふりきって進める宇宙船を開発することができたら、タイムトラベルが可能になるといわれています。地球をでた宇宙船がブラックホールの近くに数時間滞在してもどってきたら、そこは数十年後の未来の地球になっているといいます。

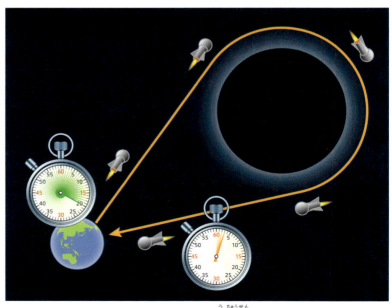

ブラックホールの近くを通りぬけられる宇宙船ができれば、タイムトラベルが可能になる。

ワームホールや中性子星で時間移動

「ワームホール」も、タイムトラベルに利用できるといわれています。ワームホールとは、はなれた2点間をむすぶ時空のトンネルで、遠くはなれたところへも瞬時に移動することができます。ワームホールの存在はまだ立証されていませんが、理論上は存在しうると考えられています。もし、特殊な物質をトンネルのなかに充塡させ、大きさを安定させておくことができれば、ワームホールを通って、未来へのタイムトラベルができるというのです。そして、このワームホールの出入口を光速に近い速さではこべる宇宙船を用意することができれば、過去へのタイムトラベルも可能になるといいます。

時間移動は、中性子星(→p57)を利用してもできるといいます。中性子星は、直径10kmほどの大きさで、平均密度が水の1000兆倍もある超高密度の天体です。中性子星の表面付近は、地球の表面の約1000億倍もの重力がはたらくといいます。これだけ強い重力があるところだと、時間はかなりゆっくり進みます。もし、中性子星を材料にして、内部を空洞にした球をつくることが可能なら、タイムカプセルができるといいます。このタイムカプセルは、きわめて強い重力をもち、時間の進み方が遅くなるため、内部でしばらくすごしてから外にでれば、未来へのタイムトラベルをはたすことになるというのです。

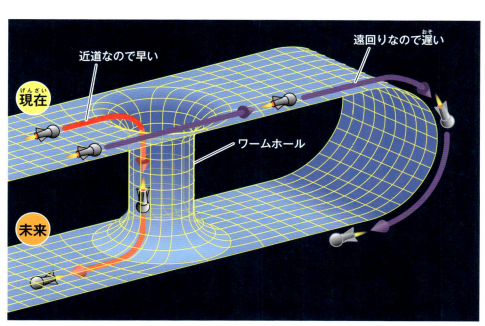

ワームホールを通れば近道になり、未来へのタイムトラベルができる。

タイムパラドックス

過去にもどって歴史をかえてしまったら、未来はどうなるのだろうか。タイムトラベルによってひきおこされる矛盾とはなにか。

だれが母親を死なせてしまったのか？

　過去へタイムトラベルをすることによってひきおこされる矛盾のことを「タイムパラドックス」といいます。どんなことがおこりうるのか、具体的にみていきましょう。

　たとえば、ある人物が過去にもどって、自分を出産する前の母親を死なせてしまったとします。出産前の母親が死んでしまえば、その人物は生まれてこなかったはずです。生まれてこなければ、母親を死なせてしまうこともないので、あきらかに矛盾が生じます。母親を死なせたのは、いったいだれなのでしょうか。

　「未来」の自分が、自分をうむ前の母親を死なせてしまうという「過去」のできごとの原因になっています。どうやら、未来が過去の原因になるということが、つじつまをあわなくさせているようです。

　「因果律」という言葉があります。原因があるから結果が生じるという意味合いの言葉です。ここで注意すべきことは、原因はつねに結果より時間的に先行するということです。タイムパラドックスは、この因果律をやぶってしまうときに生じることがあるようです。

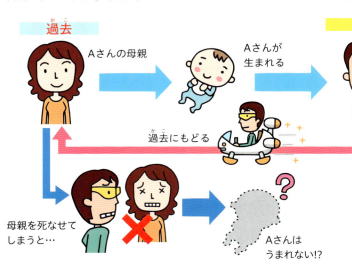

Aさんが過去にもどって、母親を死なせてしまうと、Aさんは生まれなかったことになってしまう。そうすると、母親を死なせてしまったのは、いったいだれなのだろう。

ぼくはだれ？

だれがストーリーを考えたのか？

タイムパラドックスをもうひとつ紹介しましょう。ある小説家の原稿をめぐるパラドックスです。

月間雑誌に連載小説を掲載している作家が、どうしてもつづきの展開が考えられなくなりました。そこで未来にいき、つづきのストーリーがのっている雑誌を買って、現在にもどりました。作家は、雑誌にのっているストーリーをそのままかきうつした原稿を出版社におくり、ほっと胸をなでおろしました。

このエピソードは、未来にいって得た情報を現在にもどって活用したというものです。つづきのストーリーを実際にかいたという原因をつくったのは現在であり、雑誌に発表されたのは未来です。因果律でいう原因と結果の順番はやぶっていません。

しかし、ストーリーのつづきを考えたのはいったいだれなのか、という疑問が残ります。かきうつしたのは現在の作家ですが、ストーリーを考えてはいません。そうかといって、未来の作家が考えたわけでもなく、いきなり雑誌でつづきの小説が発表されているのです。

これは、どう考えたらよいのでしょうか。もし、タイムトラベルが現実のものになれば、このタイムパラドックスを説明する理論があきらかになるのかもしれません。

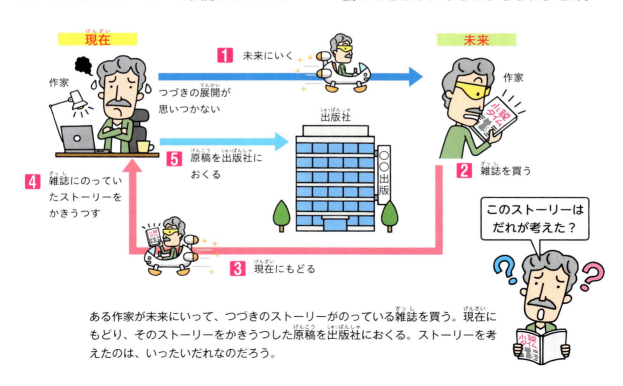

ある作家が未来にいって、つづきのストーリーがのっている雑誌を買う。現在にもどり、そのストーリーをかきうつした原稿を出版社におくる。ストーリーを考えたのは、いったいだれなのだろう。

宇宙カレンダー

　138億年の宇宙の歴史を1年365日のカレンダーにあてはめてみました。宇宙のはじまりを1月1日とし、現在を12月31日にしています。こうすると、宇宙では、どの時期にどんなことがおきたのかがみえてきます。

　太陽系や地球ができたのは9月になってからです。恐竜が出現したのは12月25日です。12月30日になっても、人類はまだ地球上にあらわれていません。宇宙の長い歴史からみれば、人類が誕生してから、まだほんのわずかな時間しかたっていないことがわかります。

1月
- 1日　宇宙が誕生する
- 6日　恒星が誕生する
- 16日　銀河が誕生する

2月

3月

4月

5月

6月

7月

8月

9月
- 1日　太陽系ができる
- 17日　地球上に生命が誕生する
- 30日　光合成をする生物が誕生する

10月

11月

12月
- 18日　魚類が誕生する
- 20日　植物が陸上に進出する
- 25日　恐竜が誕生する
- 30日　恐竜が絶滅する
- 31日20時　人類の祖先が誕生する
- 31日24時　わたしたちが生きる現在

第4章
生物がもつ時間

命の時間

生物が体内にもつ「時計」は、1日の周期をはかったり、体の成長をはかったりしている。命の長さをきめる時計もある。

生物が体内にもつ時計

多くの生物は、体内に「時計」をもっています。生物たちは、なんらかの方法で時間をはかり、それを成長や老化、開花や落葉といったさまざまな生命のいとなみにつなげています。しかし、その時間は、高精密な原子時計で管理されているわけではありません。

生物の体内にある時計には、1日の周期をはかるものもあれば、体内の生理的な変化や体の成長によって時間の経過を感じさせるものもあります。老化や寿命、つまり命の時間の長さについても、ある程度は体内にもつ時計によってきめられています。

寿命は、個体差はあるものの、生き物の種類によって、おおよそきまっています。動植物のなかでも、樹木はかなりの長寿で、信じられないほど長生きするものもあります。この樹木たちにとって、時間はどんなふうに流れているのでしょうか。

「パンド」とよばれるアメリカヤマナラシの群落。アメリカのユタ州、コロラド高原の標高約2700mにある。東京ドーム9個ぶんの広さのこの森は、1つの巨大な根からはえている。樹齢は数千年といわれる。

「縄文杉」とよばれるスギで、鹿児島県の屋久島に自生する屋久杉のなかで最大級。樹齢はいくつか説があるが、約4000～5000年だろうといわれる。日本のすべての動植物のなかで最長寿だともいわれている。

動物たちの寿命

寿命が生物によって異なるのは、それぞれ遺伝子によって、ある程度きめられているからです。遺伝子とは、その生物の体をつくる設計図のようなものです。

死は、どの生物にもおとずれます。個体としては死でおわりになりますが、生物学的には進化のはじまりだととらえる人もいます。

動物の多くは、「有性生殖」によって、子孫を繁栄させています。有性生殖とは、2つの個体のあいだで遺伝子情報を交換し、親と異なる遺伝子の個体をつくることです。

親とはちがう性質をもって生まれた子どもは、今後、環境が変化しても生き残る可能性が高まります。有性生殖をくりかえし、多様性を維持することで、生物は進化してきたといえるのです。

動物たちの寿命を紹介しましょう。個体としての死ではなく、その種の生物としての死を考えた場合、寿命は長ければよいというものではありません。生物によって異なる寿命も、地球上のさまざまな自然環境に適応して生き残るために獲得してきたものなのです。

第4章 生物がもつ時間

〈動物のおよその寿命〉　※寿命には諸説あります。

- 2〜3年 ハツカネズミ
- 4〜5年 ミズダコ
- 7年 アブラゼミ
- 5〜10年 ニホンアマガエル
- 8〜10年 カツオ
- 25〜30年 キリン
- 20〜30年 ハクトウワシ
- 30〜40年 ダチョウ
- 35〜50年 ミシシッピワニ
- 50年 ゴリラ
- 60〜70年 アフリカゾウ
- 70年 マッコウクジラ
- 80〜90年 シロナガスクジラ
- 150〜200年 ガラパゴスゾウガメ

生き物たちの一生

生き物の一生のようすは、種類によって異なる。誕生してから体にどのような変化がおきるのか、それぞれ確認してみよう。

アメーバ（単細胞生物）の一生

アメーバは、1mmにみたない単細胞生物で、体は扁平だが、きまった形状をもっていない。単細胞生物は、生物の体をつくる基本単位である細胞が1つしかない生き物のこと。自分のコピーをつくりつづけてふえていく。寿命は無限といえる。

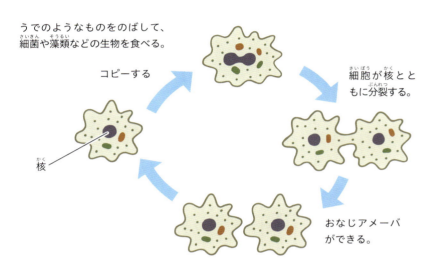

モンシロチョウ（昆虫）の一生

モンシロチョウは、卵→幼虫→さなぎ→成虫と、体を変化させていく。幼虫のあいだはキャベツ、ハクサイなどの葉を食べ、成虫になると花の蜜をすう。成虫の大きさは2.5〜3cmほどで、春から秋までみられる。成虫の期間は2〜3週間ほどで、そのあいだに交尾をして産卵する。

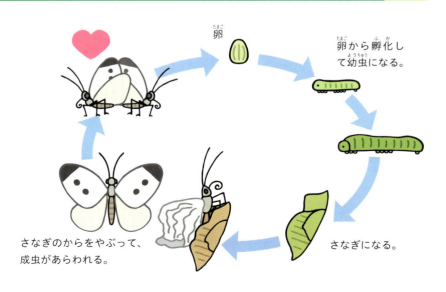

ニホンアマガエル（両生類）の一生

ニホンアマガエルの体長は2～4.5cmほど。木の上などで生活し、春になると水のあるところに集まり、交尾をして産卵する。幼体であるおたまじゃくしのあいだは水中でエラ呼吸をしているが、成体になると陸上で肺呼吸をするようになる。寿命は5～10年。

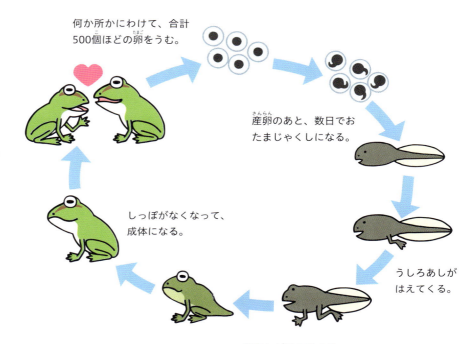

ハツカネズミ（ホ乳類）の一生

ハツカネズミは、頭から尾のつけ根までの長さが5～9cmほどある。寿命は約2～3年。一度の出産で生まれる数は4～7ひきほど。

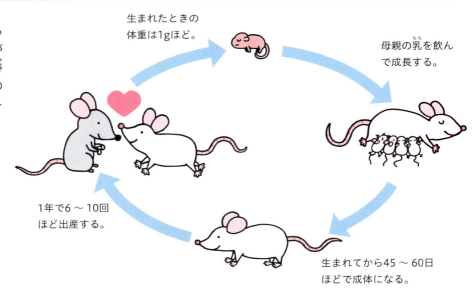

第4章 生物がもつ時間

心臓と体重と寿命

心臓が打つスピードは小さな生き物ほど速く、大きな生き物ほど遅い。体の大きさ、心拍数、寿命の関係にせまる。

心臓が打つ速さと生物がもつ時間

みなさんもよく知っているように、心臓は生き物にとって大切な器官です。心臓は、一定のリズムで収縮と弛緩をくりかえしながら、血液を全身におくっています。血液には、生き物が生きていくために必要な酸素や栄養がふくまれています。心臓は、その血液を全身にゆきわたらせる役割をはたしているのです。

ヒトの場合、心臓が打つ速さは、平常で1分間に60～70回ほどです。つまり、およそ1秒に1回ずつ、心臓の筋肉がドクッドクッとちぢんでいるのです。心臓の打つ速さは、動物によって異なります。ハツカネズミは、ヒトの約10倍速く、0.1秒に1回です。ネコは0.3秒に1回、ウマは2秒に1回、ゾウは3秒に1回です。

かりに、心臓の打つ速さをそれぞれの生き物がもつ時間の単位と考えてみると、そのスピードが速い生き物ほど、生物がもっている時計が速く進むということになります。そう考えると、ハツカネズミは、ヒトの10倍の速さで生きていて、ゾウは、ヒトの3分の1の速さで生きていることになります。

ハツカネズミ

ハツカネズミの心臓が打つ速さは0.1秒に1回。ヒトの10倍の速さになる。

ゾウの心臓が打つ速さは3秒に1回。ヒトの3分の1の速さになる。

アフリカゾウ

体の大きさと寿命

　前のページで気づいた人がいるかもしれませんが、ホ乳類では、体重の軽い生き物ほど心臓の打つスピードが速く、体重の重い生き物ほどそのスピードが遅いということがわかっています。つまり、体の小さい生き物ほど、速いペースで生きていて、体の大きい生き物ほど、ゆっくりしたペースで生きていると考えられるのです。

　たとえば、成長の速度をくらべてみると、ハツカネズミは数十日でおとなになりますが、アフリカゾウがおとなになるには十数年もかかります。このことからも、体の大きさによって、生きている時間の速さがちがうといえそうです。

　生き物の体の大きさは、心臓が打つ速さと関係しているだけでなく、寿命の長さとも関係していることがわかっています。ホ乳類では、どの生き物も、一生のあいだに心臓の打つ回数（心拍数）はおよそ15億回だといわれています。どのホ乳類も、心臓がおよそ15億回打つころに寿命がつきるというのです（ただし、ヒトの寿命はもっと長いようです）。心臓の打つスピードが速い小さな生き物は、速いペースで生きているぶん、寿命が短くなり、心臓の打つスピードが遅い大きな生き物は、ゆっくりしたペースで生きているぶん、寿命が長くなるということです。

第4章　生物がもつ時間

どちらも心拍数はおよそ15億回

ハツカネズミ
体重：10〜25g

アフリカゾウ
体重：最大10トン

時間を知る植物

サクラは、なぜ春に花を咲かせるのだろうか。アサガオは、なぜ朝に花を咲かせるのだろうか。

春を感じるサクラ

植物は、1年のうちのきまった時期に花を咲かせます。植物は、自分が花を咲かせるよい時期を知っているのです。

では、どうやって、その時期がきたことに気づくのでしょうか。それは、なんらかの方法で、植物が時間をはかっているからだと考えられます。

サクラは、秋のあいだに花びらをつくり、つぼみにしてかたく巻きこんでおきます。冬のあいだはずっとつぼみをとざしたままで、春がくると、いっきに花を咲かせます。

サクラは、温度を感知するセンサーをもっているといいます。冬の寒い時期がすぎたあと、気温が一定の高さをこえて、ある期間にわたってつづいたことを感知すると、開花しはじめるようです。

ただし、サクラは、冬のさなかの2月に、花を咲かせてしまうこともあります。とても寒い日のあとに何日かあたたかい日がつづくと、サクラの温度センサーが、春がきたとかんちがいしてしまうといいます。

サクラのつぼみ。

花びらがひらきはじめる。

いっせいに花を咲かせる。

葉桜になる。

アサガオは夜を知る

アサガオは、漢字では「朝顔」とかきますが、いつも朝に花が咲くとはかぎりません。たとえば、東京の7月では、アサガオの開花時間は、日の出後の朝5時ごろですが、9月では、日の出前のまだ暗い午前4時ごろです。朝というには、まだ早い時間帯です。

アサガオは、朝日に反応して開花しているわけではありません。昼の時間をはかって開花しているわけでもありません。じつは、夜の時間をはかって、開花する時間をきめているのです。

アサガオは、日没から約10時間後に開花します。日没が午後7時なら10時間後の午前5時ごろに開花し、日没が午後6時なら10時間後の午前4時ごろに開花します。

1年でもっとも昼の時間が長いのが夏至（6月21日ごろ）です。夏至の前は、日ごとに昼の時間が長くなり、夜の時間が短くなっていきます。夏至をすぎると、反対に、昼の時間が短くなり、夜の時間が長くなっていきます。夏至をすぎてからは、夜がくるのが少しずつ早まるため、アサガオの開花するタイミングも少しずつ早まるというわけです。

アサガオのもっているセンサーは、日没に反応して夜の時間をはかることができます。アサガオは、サクラのように、気温の変化で開花する時期をまちがえることはありません。しかし、街灯の影響で花が咲かなくなることはあります。街灯の光がじゃまをして、夜の時間を正しくはかることができないからのようです。

第4章 生物がもつ時間

アサガオのつぼみ。

花がひらきはじめる。

約10〜15cmの花が咲く。

夕方ごろになるとしぼむ。

1日のリズムをつくる体内時計

真っ暗な洞窟で生活をしたら、どうなるのだろうか。太陽を何日もみないと、わたしたちの生活リズムはどうなってしまうのだろうか。

進化のなかで得た体内時計

　動物や一部の植物は、体内に約1日の周期をはかる「体内時計」をもっています。これは「サーカディアンリズム（概日リズム）」とよばれています。昼に活動する昼行性の動物や、夜に活動する夜行性の動物が毎日、昼や夜に活動するのは、この体内時計をもっているからです。

　体内時計は、太陽の光や気温といった外部からうける刺激に関係なく、体内で時間をはかっています。かつて真っ暗な洞窟で、外部からの影響をいっさいうけることなく生活するという実験がおこなわれました。すると、しばらくは睡眠と覚醒の周期や体温変化の周期がふだんとそれほどかわらなかったといいます。

　体内時計があると、生きていくために必要なさまざまな活動を、よいタイミングでおこなうようになります。地球上で生物が何世代も交替しながら進化と絶滅をくりかえすなかで、地球の自転周期、つまり1日というリズムを体内にもつようになったのだと考えられています。

昼行性の動物

アゲハチョウ

ニホンザル

夜行性の動物

フクロウ

ムササビ

体をコントロールする体内時計

動物では、1日をはかる体内時計をコントロールするところは脳のなかにあることがわかっています。ホ乳類では、脳のほぼ中央にある視床下部のなかの視交叉上核にあります。視交叉上核がこわれると、ヒトは1日の周期をうしなってしまうことがわかっています。鳥類やハ虫類、魚類では、脳の一部の松果体に体内時計をコントロールする機能があります。

生物がもつ体内時計は、かならずしも正確ではなく、少しずつずれることがあります。そのずれは、太陽の光をみることなどで、約24時間の周期に調整されているようです。

体内時計は、1日の周期にあわせて、体内のさまざまな機能をコントロールしています。たとえば、人間は、自分の活動量にあわせ、1日のなかで体温を変化させています。目ざめるころは体温が低く、午後から夕方にかけて上昇したあと、下降して睡眠中に低い状態にもどります。体温とおなじように、血圧や脈拍も、1日を周期にして変化をくりかえしています。

また、体内時計は、体のはたらきを活発にして目ざめをうながすホルモン「コルチゾール」や、体のはたらきをおさえて眠気をもたらすホルモン「メラトニン」を、それぞれふやしたり、へらしたりする調節をおこなっています。わたしたちは、体内時計のコントロールによって、目ざめたり、眠くなったりしているのです。

第4章 生物がもつ時間

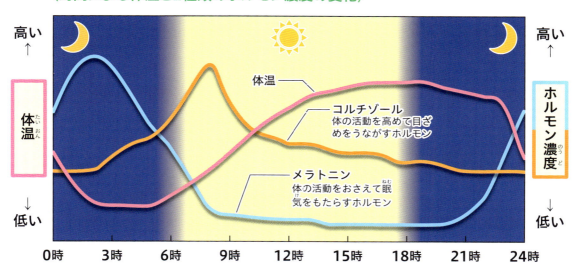

〈時間による体温と2種類のホルモン濃度の変化〉

1年の周期を知る生物時計

渡り鳥は、旅をはじめるタイミングをどうやって知るのだろうか。自分が飛ぶ方角をどうやって知るのだろうか。

渡り鳥がもつ時計

生き物のなかには、1年の周期をはかる時計をもつものがいます。渡り鳥もそうした生き物です。

地球の多くの地域では、1年の周期で季節がうつりかわります。そして、多くの渡り鳥がえさを求めて、遠くはなれた場所を1年周期で往復しています。日本には、冬にカモやハクチョウ、ツルなど、夏にツバメやカッコウなどがやってきます。

渡り鳥は、気温の変化を察知して、長旅をはじめようとするわけではありません。体内にある1年あるいは数か月の周期をはかる時計が、旅にでかける時期を知らせるようです。また、体内の時計は、昼の長さの変化を感じて調整しているといいます。

渡り鳥の旅がはじまると、1日の周期をはかる体内時計と太陽の位置から、進むべき方角をきめているようです。太陽は、日の出から日没まで動きつづけます。朝なら太陽は右手に、夕方なら左手にみえるように体の向きを調整するなどして、自分の飛ぶ方角をきめているといいます。

新潟県阿賀野市の瓢湖。毎年、ロシアのシベリアからたくさんのハクチョウが飛来する。

1年のうちに北極圏と南極大陸周辺を行き来するキョクアジサシ。

時間の感覚

わたしたちがどんなにすばやく動いたとしても、きっとハエの目には、のろまな動きにしかみえないだろう。

生物によって異なる識別能力

ランプなどの光がついたり消えたりすることを「点滅」といいます。人間は、どこまで速い点滅を認識できるでしょうか。

光の点滅を少しずつ速くしていくと、光が連続してつながっているようにみえるときがあります。そのときの点滅の頻度を「臨界融合頻度」とよんでいます。これは、動いているものを識別する能力の尺度です。

生物は、目でとらえた情報を脳に伝え、それを連続した映像としてみています。ヒトの臨界融合頻度は、1秒間に約60回だといわれていて、1秒間に60コマのフレームを処理することができるそうです。

ヒトの動きは、カメには速く、ハエには遅く感じる。

臨界融合頻度は、ほかの動物でも計測されていて、ヒトの約60回に対して、カメは約15回、ハエは約250回、ヒトデは1回だといいます。おなじ動きを目にしても、臨界融合頻度の高い生き物は、低い生き物よりも、ゆっくり動いているようにみえると考えられています。臨界融合頻度のちがいによって、時間の感覚も異なるのです。

わたしたちは、飛んでいるハエをハエたたきで退治しようとしても、なかなかうまくいきません。ハエたたきの動きは、ハエにとっては、ヒトが感じる4倍以上ゆっくりに感じるからです。そして、ハエにはのろまにみえるヒトの動きも、カメやヒトデにとっては速すぎると感じることでしょう。

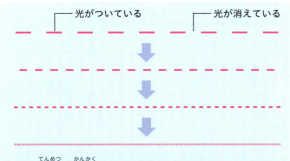

光の点滅の間隔をどんどん短くしていくと、光がつながってみえるようになる。それが臨界融合頻度。

第4章 生物がもつ時間

クマムシは時間をとめる！？

シマリス

　野生のリスやクマ、ヘビなどは、気温がさがって、えさが少なくなる冬のあいだ、冬眠をします。たとえば、シマリスは、体温を37℃から5～6℃までにさげ、心臓が打つペースを1分間に400回から10回以下にまでへらし、呼吸数を1分間に200回から1～5回にまでへらします。生命活動を徹底的におさえる冬眠は、いわば時間をおくらせているともいえるでしょう。

　ところが、時間をおくらせるどころか、時間をとめることができるのではないかと思えるような生き物もいます。それがクマムシです。体長は0.1～1mmで、淡水・海水のなかや湿気のある場所に生息し、多くは植物の細胞液などをすって生きています。クマムシという名前は、水中をクマのようにゆっくりと動くすがたが由来になっています。

　クマムシは、乾燥した場所におかれると、体をちぢめてまるまり、特別な膜をつくって「乾眠」という状態になります。その状態になると、クマムシは無敵です。150℃の高温にも、マイナス270℃の低温にも耐え、有害な紫外線にも、大量の放射線にも耐えることができます。そればかりか、宇宙の真空状態のなかでも死なないのです。

　クマムシの寿命は、通常10日ほどしかありません。しかし、30年ものあいだ、乾眠状態にあったクマムシに水をかけたところ、ふたたび活動をはじめたという報告があります。このクマムシは、時間の進み方をとめて、寿命の1000倍以上も眠りつづけたのです。これを寿命72年の人間におきかえると、眠りについてから、およそ8万年後に目ざめたということになります。

クマムシ

第5章
心と脳の時間

心の時間

わたしたちが心で感じている時間を「心の時間」とよぶことにしよう。この時間は、時計ではかる時間とは少しちがうといえそうだ。

意識があれば時間は流れる

わたしたちが心で感じている時間は、時計ではかる時間とは一致しません。たとえば、しばらく夢中で遊んでいたあとに時計をみると、「もうこんな時間か」と、自分が思っていた以上に時間が速くすぎていることに気づきます。ぎゃくに、たいくつな授業や会議に参加しながら時計に目をやると、「まだこんな時間か」と、時間がたつのを遅く感じてしまいます。

また、ドラマやアニメなどの映像をみているときは、実際とちがう時間を経験して

たいくつな時間は、ゆっくりすぎていく。

いるものです。30分とか1、2時間ほどのあいだに、何十年ぶんの時の流れを経験したりもします。このとき、わたしたちの心は、時計ではかる時間から解放されています。

眠っているときはどうでしょうか。まったく意識がなく、なにも感じていない状態なら、時間の流れ自体も認識できないのかもしれません。しかし、目をさまして、なにかを考えたり、感じたりしはじめると、またいつものように、時間が流れはじめることになるのです。

楽しい時間は、速くすぎていく。

ヒトの世界、イヌの世界、ウマの世界

わたしたち人間をふくめ、生き物が目でみたり、耳で聞いたりしている世界は、実在している世界とは少しちがいます。ものの見方や感じ方には、それぞれの生き物がもつ独自の方法やルールがあります。生き物たちは、その独自の方法とルールによって得た情報からつくりだされる世界を体験しているのです。

たとえば、イヌの視力は0.1〜0.3で、ヒトの視力より低いようですが、動いているものを認識する能力は非常に高いといわれています。イヌにとっては、こまかい部分はみえなくても、えものや天敵をすばやく察知できることが重要なのかもしれません。色については、青と黄色はみえますが、赤や緑はみえていないといいます。

また、ヒトの視野は180°より少し広い程度ですが、ウマの視野は350°もあり、真うしろ以外はほぼみることができます。ウマの目は、顔の横についていて、首をまわさずにパノラマ映像をみているようなイメージなのかもしれません。視界が広いと、肉食動物をすばやくみつけて逃げることができます。

ヒトも、こうした生き物の一種だと考えてみましょう。わたしたちは、自分がみたり聞いたりしている世界が、実在する世界そのものだと思っています。しかし、イヌやウマとおなじように、わたしたちも、ヒト特有の方法とルールで得た情報からつくりだされる世界を体験しているにすぎません。わたしたちが感じている心の時間も、そうやってつくりだした世界がもとになっているのです。

第5章　心と脳の時間

〈ヒトとイヌによるみえ方のちがい〉

ヒトの目でみえる花畑

イヌの目でみえる花畑

イヌは、青と黄色はみえるが、赤や緑はみえていない。

85

時間にかかわる感覚

五感から得る情報は、実際の世界とは少しちがっている。わたしたちは、つねに少しちがう世界のなかを生きている。

感覚器官と脳の処理

わたしたちは、五感によって外の世界のようすを知ることができます。五感とは、視覚（みる）、聴覚（聞く）、嗅覚（かぐ）、味覚（味わう）、触覚（皮膚で感じる）という5つの感覚のことです。それぞれ目、耳、鼻、舌、皮膚という感覚器官があり、そこから得た情報は、すぐ脳に伝わります。わたしたちがみたり聞いたりしている世界が、実在の世界と少しちがうという例を紹介しましょう。

光や音を感じたらすぐにキーを押して、その時間をはかる実験がおこなわれたことがあります。光には平均0.17秒、音には平均0.13秒かかったという結果がでました。耳でとらえた情報は、目でとらえた情報より0.04秒速く脳で処理されることがわかったのです。

もともと、光のスピードは音のスピードより速いので、おなじ瞬間に発生したとしても、光のほうが速くとどきます。音の情報を光の情報より0.04秒速く処理する脳の特性は、そのずれをおぎなうためだと考えられます。

つまり、おなじ発生源からでた光や音の情報が、わたしたちの目や耳にべつべつにとどいても、脳が処理して、おなじタイミングでおきたと認識させるのです。そして、光や音がとどく時間の差は発生源からの距離によって異なるため、脳はずれを調整する時間の長さをつねにかえているのです。

目が光をとらえて、その情報を脳に伝え、指でキーを押すまでにかかった時間は平均0.17秒だった。

耳が音をとらえて、その情報を脳に伝え、指でキーを押すまでにかかった時間は平均0.13秒だった。

脳の判断が錯覚をおこす

　脳の処理によって、わたしたちが錯覚してしまう例を紹介しましょう。光における脳の処理時間は、刺激の強弱によってかわることがあります。たとえば、弱い光が一瞬点灯した直後に、そばで強い光が一瞬点灯すると、強い光、弱い光の順で点灯したと認識するという実験結果がでました。脳が強い光を優先させて、順番を逆転させてしまうのです。

　また、少しはなれたところにスピーカーを1個おき、かくされたべつのところから、スピーカーの音を鳴らします。スピーカーのみえている方向と、音が聞こえてくる方向は一致しません。このとき、脳は、みえているスピーカーから音が鳴ったということにしてしまうのです。ものの位置など、空間にかかわることを判断するとき、脳は耳からの情報より、目からの情報を優先させることが多いようです。

　また、光を1回点灯させると同時に、スピーカーから短い音を2回鳴らします。光の回数と音の回数は一致しません。このとき、脳は、音が2回鳴ると同時に、光も2回点灯したということにしてしまいます。回数などの時間にかかわることを判断するとき、脳は目からの情報より、耳からの情報を優先させることが多いようです。

　つぎに「フラッシュラグ効果」という現象を紹介しましょう。画面のなかで、光の点が左から右へ、おなじ速さで移動していきます。光の点が真ん中にきたとき、その真下に、べつの光の点を一瞬光らせます。しかし、これをみた人は、下に光の点がでたとき、移動する点は真ん中より右にあったようにみえてしまいます。これは、瞬間的に提示された光のほうを脳が優先して速く処理するからだといいます。

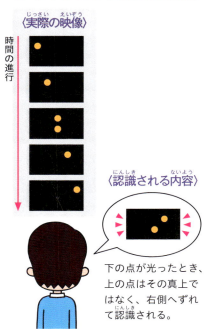

〈フラッシュラグ効果の実験〉

〈実際の映像〉

時間の進行

〈認識される内容〉

下の点が光ったとき、上の点はその真上ではなく、右側へずれて認識される。

　脳は、瞬間的に提示された光の点のほうを速く処理する。そのため、目には〈実際の映像〉のとおりに光がとどいているのに、上の点はおくれて処理され、わたしたちには〈認識される内容〉のように感じる。

第5章　心と脳の時間

87

長さがかわる心の時間

時計とちがって、心の時間はゆれ動く。心の時間が速く進むと時間が長く感じられ、心の時間が遅く進むと時間が短く感じられる。

体の代謝と心の時間

　ヒトは、五感で得た情報をもとに脳がつくりだした世界に生きていて、心の時間もその世界のなかを進んでいます。ここでは、時間を長く感じたり、短く感じたりする例を紹介しましょう。

　過去の研究結果から、心の時間は体の代謝によって左右されることがわかっています。代謝とは、物質が化学的に変化していれかわることです。呼吸することや体温を維持することは、生命活動を維持するための基本的な代謝です。代謝が活発なときは心の時間が速く進み、代謝が落ちているときは心の時間が遅く進むというのです。

　79ページで紹介しているように、体温は、朝は低くて徐々に上昇し、夜になるとさがっていきます。心の時間も、朝と晩では、昼のあいだよりゆっくり進みます。個人差はありますが、代謝が活発になると、通常は体の動きがよくなります。代謝が活発な昼ならすぐにできることも、代謝が落ちる朝や晩では長く時間がかかってしまうことがあります。

　体の代謝は、年をとるほど落ちていくものです。「おとなになると、時間がたつのが速い」という話をよく聞きますが、加齢による代謝の低下が原因のひとつになっているようです。心の時間がゆっくり進むので、そのぶん、時計ではかる時間が速く進んでしまったように感じるのです。

時計ではかる時間

（1周で1分）

心の時間

代謝が活発なとき

心の時間が速く進み、時間が長く感じる。時計ではかった1分より時間がたったように感じる。

代謝が落ちているとき

心の時間が遅く進み、時間が短く感じる。時計ではかった1分より時間がたっていないように感じる。

感情と心の時間

　また、感情によっても、心の時間の長さに影響をあたえることがあります。恐怖という感情は、時間を長く感じさせることがわかっています。みなさんも経験したことがあるかもしれませんが、なにかにこわい思いをしているときは、時間が長く感じられるものです。

　とくに、死への恐怖が心の時間を長くすることがあります。事故などで死の恐怖にさらされたとき、目の前でおきたできごとがスローモーションのようにみえたという話を聞くことがあります。これは、極度の緊張で、血液のなかのアドレナリンの濃度が高くなるからだと考えられています。

　アドレナリンは、ホルモンの一種で、心拍数と血圧を上昇させる作用があります。その濃度が高くなれば、体の代謝が活発化し、心の時間が速く進みます。ふだんならスピードが速くて見分けられないできごとや変化が、ゆっくりにみえてしまうというわけです。

　また、時間を気にする回数が多いほど、時間を長く感じさせるということがわかっています。楽しいことをしているときは、時間などは気にせずに集中しています。しかし、たいくつな時間をすごしているときは、時間を気にする回数が多くなり、時間が長く感じられるのです。でも、なぜこのような現象がおこるのかは、まだよくわかっていません。

クモをこわがる人は少なくない。恐怖は、心の時間を長くさせる。

暗いトンネルも恐怖を感じる。暗いなかをひとりで歩いているときは、時間が長く感じられる。

環境、つながり、心の時間

　心の時間は、身のまわりの環境によっても長さがかわります。たとえば、広い大きな部屋や、見晴らしのよい部屋ですごす時間は、せまい部屋ですごす時間よりも長く感じる傾向にあることがわかっています。

　また、刺激が強いところでは、刺激が弱いところよりも、時間を長く感じやすいこともわかっています。たとえば、大きな音が鳴っている部屋ですごす場合と、小さな音が鳴っている部屋ですごす場合では、大きな音が鳴っている部屋のほうが、より時間を長く感じる傾向にあるようです。

　心の時間は、体験の数によっても長さが変化することがわかっています。たとえば、おなじ時間をすごしているあいだ、音を聞いたり、映像をみたりしてたくさんの体験をした場合と、なにもしなかった場合をくらべた実験では、多くの体験をした場合のほうが、時間をより長く感じる傾向にあったのです。

　また、単語だけを読みつづけた場合と、おなじ単語数を使って、つながりをもたせたひとつの物語を読んだ場合をくらべてみると、つながりのない単語だけを読んだ場合のほうが時間をより長く感じる傾向にあります。

　心の時間は、さまざまな要因でゆれ動き、長くなったり短くなったりします。これを知っておくことは、わたしたちの生活をよりよくする手助けになるかもしれません。

広い部屋は、せまい部屋よりも時間を長く感じさせる傾向にある。

時間とどうむきあうか

心の時間、体内時計、精神テンポ。いずれも、時計によってきざまれる時間とはちがうことを知っておこう。

時計の時間と心の時間

今は多くの人が、時計や、時計の機能をもつスマートフォンを携帯しています。家にいても、外出していても、つねに身につけていて、いつでもすぐに正確な時刻を知ることができます。

時計がしめしてくれる時間は、みんなが共有している時間です。共有しているからこそ、社会が成り立っています。そして、わたしたちが社会にかかわれるのも、この時計の時間があるからです。

しかし、この本の第4章や第5章でみてきたように、生き物としてのリズムや心の時間は、時計がしめす時間からずれてしまうことがあります。むしろ、ちがうものだといっていいかもしれません。今の時代は、そのずれやちがいをしっかり把握しておくことが非常に重要になっているのです。

かつては、太陽の位置で時間をはかっていた時代がありました。教会や寺の鐘の音で時刻を知らされていた時代もありました。そのころ、社会が共有している時間はゆるやかに進み、それほどこまかくはなかったはずです。

しかし、今、時計によってきざまれつづけている時間は、かなり厳密に、逃げ場もないほど、わたしたちの生活の細部にゆきわたっています。ときには、自由をうばわれていると感じることさえあります。しかも、おなじ間隔で均質に進みつづける時計の時間からは、わたしたちの心をゆり動かす「今この瞬間」を感じることはありません。だからこそ、時計の時間とはちがう生き物としてのリズムや、あなた自身の心の時間を大切にする必要があるのです。

社会は、みんなが共有する時間で成り立っている。しかし、その時間を細部にわたって厳密にしすぎると、事故や病気につながるおそれもある。

第5章 心と脳の時間

体内時計と病気

ほかの多くの生き物とおなじように、ヒトは体内時計をもち、1日の周期のなかで生きています。わたしたちが朝、目ざめたり、夜、眠くなったりするのは、この体内時計のおかげです。

体内時計がみだされることで体調不良になる有名な現象としてあげられるのは「時差ぼけ」です。じつは、海外にいかなくても、時差ぼけになることがあるのです。

夜間にはたらくような仕事についていると、体内時計がみだされて、体調に異変をきたすことがあります。日中にぼんやりしたり、夜に眠れなくなったり、体が重く感じたり、集中力がつづかなくなったりと、通常の時差ぼけとおなじような症状があらわれます。

これをほうっておくと、睡眠障害や気分障害(注)、糖尿病や脳卒中などをひきおこす可能性があるといわれています。そのため、体内時計がみだれたときは、早めにもとの状態にもどすことがのぞましいのです。

とくに夜ふかしは、体内時計をみだしやすいとされています。夜中にスマートフォンの画面をみつづけたりすると、体内時計がおくれてしまうことがあるので気をつけましょう。体内時計を正常にするためには、地球の24時間周期に同調させる必要があり、朝に日の光をあびるのがよいとされています。ほかに朝食をきちんと食べたり、夜10時以降の食事をさけたりするのもよいといわれています。

注…長期間にわたって過度に気持ちがふさぎこんだり、高揚したりする障害のこと。

朝に日の光をあびる。

夜10時以降の食事をさける。

朝食をきちんと食べる。

夜中、スマートフォンの画面をみつづけない。

心の時間と精神テンポ

心の時間の進み方は、さまざまな理由で変化します。そのため、時計がしめす時間のとおりに作業をつづけようとすると、ストレスを感じる場合があります。

そもそも、時間の感じ方は、人によって異なります。話すときの間合いや、歩くペースなど、人にはそれぞれ、心地よく感じるテンポがあります。なにかをするときにちょうどよいと感じる個人特有の速さを「精神テンポ」といいます。精神テンポは、子どものころに定着すると、おとなになってもあまり変化しないといわれています。

ここで、あなた自身の精神テンポを調べてみましょう。つくえを指でトントンと軽くたたいてみてください。くりかえしたたいていくうちに、心地よいと思えるテンポがわかってきたら、10回たたくのにかかる時間をはかります。その時間を10でわったこたえが、あなたの精神テンポです。

多くの人は、0.4～0.9秒の範囲にはいります。0.4秒前後やそれより短い場合はテンポが速めの人、0.9秒前後やそれより長い場合はテンポが遅めの人ということになります。

なんらかの作業をするペースが自分の精神テンポと異なる場合は、ストレスを感じることがわかっています。そのため、みんなでおなじ作業をするときは、たがいのペースに配慮しながら進めていく必要があります。

今は学校でも社会でも、スピードや効率性、正確性が求められることが多くあります。たしかに、人はそれぞれ使える時間にかぎりがあり、むだにはできません。みんなで共有する時間は、成長するきっかけにもなります。

しかし、過度のストレスは、病気につながる可能性があります。わたしたちは、心の時間や精神テンポにしっかりと目をむけて、たがいにストレスをあまり感じないようにする方法をさがしていくことが求められているのです。

あ

アイザック・ニュートン（ニュートン）… 42、43、44
アインシュタイン（アルベルト・アインシュタイン）
……………………………… 44、47、50、52、54
アウグスティヌス……………………………… 17
アキレスとカメ………………………………… 14
アドレナリン…………………………………… 89
アボリジナルピープル………………………… 19
アリストテレス…………………… 14、16、17、33
アルベルト・アインシュタイン（アインシュタイン）
……………………………… 44、47、50、52、54
一般相対性理論………………………… 52、54
因果律……………………………………… 66、67
インフレーション………………………………… 58、62
引力…………………………………… 40、42、43
ヴィクトール・フランクル……………………… 13
宇宙………… 56、57、58、59、60、62、63、68
宇宙カレンダー………………………………… 68
宇宙の晴れ上がり…………………………… 58、59
宇宙背景放射………………………………… 59
ウラシマ効果…………………………………… 50
うるう秒………………………………………… 38
運動の三法則………………………………… 43、46
X線…………………………………………… 48

か

概日リズム…………………………………… 78
可逆（可逆現象）……………………………… 12
核融合……………………………………… 56、57
可視光線……………………………………… 48
ガリレオ・ガリレイ…………………………… 35
環状列石……………………………………… 26
慣性の法則…………………………………… 43
ガンマ線……………………………………… 48
乾眠………………………………………… 82
気分障害……………………………………… 92
嗅覚………………………………………… 86
協定世界時…………………………………… 38

キリスト教…………………………………… 20、32
空間………………………………………… 9
クオーツ時計………………………………… 36
クマムシ……………………………………… 82
グレゴリオ暦………………………………… 32
原子……………………………………… 37、61
原始星……………………………………… 56、57
原子時計………………………………… 37、38、39
恒星……………………………… 56、57、58、59、68
光速度不変の原理…………………………… 47
公転……………………………… 33、37、42、45
光年……………………………………… 49、60
香盤時計……………………………………… 29
五感……………………………………… 86、88
黒色矮星……………………………………… 57
暦…………………………… 24、26、30、31、32
コルチゾール………………………………… 79

さ

サーカディアンリズム………………………… 78
作用・反作用の法則………………………… 43
GPS（GPS衛星）…………………………… 39、53
潮の満ち引き………………………………… 40
紫外線…………………………………… 48、82
視覚………………………………………… 86
時間の矢…………………………………… 11
時空…………………………………… 54、63、65
視交叉上核…………………………………… 79
質量……………………… 43、53、54、55、57、61
自転………………………… 33、37、38、40、78
重力…… 43、52、53、54、55、56、61、63、64、65
寿命……………………… 70、71、72、73、74、75、82
松果体……………………………………… 79
正法眼蔵……………………………………… 21
触覚………………………………………… 86
真空……………………………………… 48、49
心臓…………………………………… 74、75、82
心拍数……………………………………… 75、89
水晶振動子…………………………………… 36
睡眠障害……………………………………… 92
ストレス……………………………………… 93

砂時計 ……………………… 13、29	日本標準時 ………………… 38
星間ガス ………………… 56、57	ニュートン(アイザック・ニュートン) … 42、43、44
精神テンポ ………………… 93	ニュートン力学 ……… 43、45、46
赤外線 ……………………… 48	**は**
赤色巨星 …………………… 57	白色矮星 …………………… 57
赤色超巨星 ………………… 57	波長 ………………………… 48
絶対空間 ………………… 43、44	パラドックス ……… 14、15、16、66、67
絶対時間 ………………… 43、44	万有引力の法則 ………… 42、43
ゼンマイ式時計 …………… 35	ビッグバン ……………… 58、59
相対空間 …………………… 44	日時計 …………………… 27、28
相対時間 …………………… 44	ヒンドゥー教 ……………… 21
相対性理論 … 47、50、51、52、54、60、61、64	不可逆(不可逆現象) … 10、11、12、20
素粒子 ……………………… 61	仏教 ………………………… 21
た	不定時法 …………………… 27
太陰太陽暦 ………………… 31	ブラックホール ……… 55、57、64
太陰暦 …………………… 31、32	フラッシュラグ効果 ……… 87
代謝 ……………………… 88、89	振り子 …………………… 12、35
体内時計 ………………… 78、79、92	振り子時計 ………………… 35
タイムカプセル …………… 65	振り子の等時性 …………… 35
タイムトラベル …… 64、65、66、67	ブレーン(ブレーンワールド) ……… 63
タイムパラドックス …… 66、67	ホピ族 ……………………… 18
太陽暦 ………………… 30、31、32	ホルモン ………………… 79、89
昼行性 ……………………… 78	**ま**
中性子星 ………………… 57、64、65	マイケルソン・モーリーの実験 … 45、46、47
聴覚 ………………………… 86	膜宇宙 ……………………… 63
超新星爆発 ………………… 57	マルチバース ……………… 62
超ひも理論(超弦理論) ……… 61	味覚 ………………………… 86
月の満ち欠け ……………… 31	水時計 ……………………… 28
定時法 ……………………… 27	無重力 ……………………… 52
電磁波 …………… 37、48、49、55	メラトニン ………………… 79
電波 ……………… 39、48、59	**や・ら・わ**
道元 ………………………… 21	夜行性 ……………………… 78
塔時計 ……………………… 34	有性生殖 …………………… 71
冬眠 ………………………… 82	ユリウス暦 ………………… 32
特異点 ……………………… 55	量子(量子力学) ………… 61
特殊相対性理論 …… 47、50、51、52	臨界融合頻度 ……………… 81
飛ぶ矢はとまっている ……… 15	ろうそく時計 ……………… 29
ドリームタイム …………… 19	ワームホール ……………… 65
な	渡り鳥 ……………………… 80
二十四節気 ………………… 22	

監　修　一川 誠 [千葉大学大学院教授]
いちかわ　まこと

1965年宮崎県生まれ。大阪市立大学文学部人間関係学科卒。同大学大学院文学研究科後期博士課程修了。専門は実験心理学。人間の知覚認知過程や感性の特性について研究をおこなっている。著書に『みんなそれぞれ 心の時間』(福音館書店)、『仕事の量も期日も変えられないけど、「体感時間」は変えられる』(青春出版社)、『「時間の使い方」を科学する 思考は10時から14時、記憶は16時から20時』(PHP新書)、『錯覚学―知覚の謎を解く』(集英社新書)などがある。

編　集	ワン・ステップ
デザイン	VolumeZone
イラスト	さがわゆめこ (表紙・章扉)　川下 隆 (本文)
図　版	中原 武士

[参考文献]
『ホピ 宇宙からの聖書 神・人・宗教の原点』(フランク・ウォーターズ著 / 林陽訳 / 徳間書店)、『ユーカリの森に生きる アボリジニの生活と神話から』(松山利夫著 / NHK出版)、『現代語訳 正法眼蔵 第一巻』(増谷文雄著 / 角川書店)、『1秒って誰が決めるの？ 日時計から光格子時計まで』(安田正美著 / 筑摩書房)、『時間は逆戻りするのか 宇宙から量子まで、可能性のすべて』(高水裕一著 / 講談社)、『時間の図鑑』(アダム・ハート＝デイヴィス著 / 日暮雅通監訳 / 悠書館)、『Newton 大図鑑シリーズ 時間大図鑑』(ニュートンプレス)、『14歳からのニュートン超絵解本 絵と図でよくわかる時間の謎』(ニュートン編集部編著 / ニュートンプレス)、『エレガントな宇宙 超ひも理論がすべてを解明する』(ブライアン・グリーン著 / 林一・林大訳 / 草思社)、『タイムマシンがみるみるわかる本』(佐藤勝彦監修 / PHP研究所)、『子供の科学★ミライサイエンス 理系脳をきたえる！ はじめての相対性理論と量子論 タイムマシンって実現できる？』(二間瀬敏史監修 / 誠文堂新光社)、『大人の時間はなぜ短いのか』(一川誠著 / 集英社)

時間の図鑑　時計の時間・心の時間

2024年12月 初版発行

監　修	一川 誠
発行所	株式会社 金の星社
	〒111-0056 東京都台東区小島 1-4-3
	電話　03-3861-1861 (代表)
	FAX　03-3861-1507
	振替　00100-0-64678
	ホームページ　https://www.kinnohoshi.co.jp
印　刷	株式会社 広済堂ネクスト
製　本	牧製本印刷 株式会社

NDC400　96p.　24.7cm　ISBN978-4-323-07586-0

©Yumeko Sagawa, Takashi Kawashia, Takeshi Nakahara, ONESTEP inc., 2024
Published by KIN-NO-HOSHI SHA, Tokyo, Japan.

乱丁落丁本は、ご面倒ですが、小社販売部宛にご送付ください。
送料小社負担にてお取り替えいたします。

よりよい本づくりをめざして
お客様のご意見・ご感想をうかがいたく、読者アンケートにご協力ください。ご希望の方にはバースデーカードをお届けいたします。

アンケートご記入画面はこちら

JCOPY　出版者著作権管理機構　委託出版物
本書の無断複写は著作権法上での例外を除き禁じられています。複写される場合は、そのつど事前に出版者著作権管理機構(電話 03-5244-5088、FAX 03-5244-5089、e-mail: info@jcopy.or.jp)の許諾を得てください。
※本書を代行業者等の第三者に依頼してスキャンやデジタル化することは、たとえ個人や家庭内での利用でも著作権法違反です。